北京都市型现代农业发展现状、经验借鉴与路径探索（2017）

陈俊红　赵 姜　龚 晶　主编

中国农业科学技术出版社

图书在版编目（CIP）数据

北京都市型现代农业发展现状、经验借鉴与路径探索（2017）/ 陈俊红，赵姜，龚晶主编 .—北京：中国农业科学技术出版社，2018. 8

ISBN 978-7-5116-3718-5

Ⅰ. ①北…　Ⅱ. ①陈…②赵…③龚…　Ⅲ. ①都市农业-现代农业-农业发展-研究报告-北京-2017　Ⅳ. ①F327. 1

中国版本图书馆 CIP 数据核字（2018）第 111329 号

责任编辑　徐　毅
责任校对　李向荣

出 版 者　中国农业科学技术出版社
北京市中关村南大街 12 号　邮编：100081
电　　话　(010)82106631(编辑室)　(010)82109702(发行部)
(010)82109709(读者服务部)
传　　真　(010)82106625
网　　址　http://www.castp.cn
经 销 者　各地新华书店
印 刷 者　北京建宏印刷有限公司
开　　本　880 mm×1 230 mm　1/32
印　　张　7. 875
字　　数　210 千字
版　　次　2018 年 8 月第 1 版　2018 年 8 月第 1 次印刷
定　　价　30. 00 元

《北京都市型现代农业发展现状、经验借鉴与路径探索（2017）》

编 委 会

顾　　问　李成贵

主　　任　孙素芬

主　　编　陈俊红　赵　姜　龚　晶

编写人员　陈　慈　陈玛琳　周中仁
　　　　　张慧智　陈香玉　孟　鹤

前　言

2016年，我国农业农村经济发展实现“十三五”良好开局，呈现稳中有进、稳中向优的良好态势，为经济社会发展大局提供了有力支撑。然而，随着内在动因和外部环境的深刻变化，农业农村发展进入新的历史阶段，农业主要矛盾由总量不足转变为结构性矛盾，推进农业供给侧结构性改革已成为当前和今后一个时期农业农村工作的主线。2017年10月，党的十九大报告提出“实施乡村振兴战略”的重大决定，这是深入推进“三农”工作、化解新时代我国社会主要矛盾、实现农业农村充分发展、城乡融合发展的重大举措。随后，中共中央、国务院印发《关于实施乡村振兴战略的意见》，明确提出要“坚持农业农村优先发展，按照产业兴旺、生态宜居、乡风文明、治理有效、生活富裕的总要求，建立健全城乡融合发展体制机制和政策体系，统筹推进农村经济建设、政治建设、文化建设、社会建设、生态文明建设和党的建设，加快推进乡村治理体系和治理能力现代化，加快推进农业农村现代化，走中国特色社会主义乡村振兴道路，让农业成为有奔头的产业，让农民成为有吸引力的职业，让农村成为安居乐业的美丽家园。”

北京是我国都市型农业的发源地之一和具有代表性的地区之一，20世纪90年代后期，在率先实现农业现代化的进程中，北京市提出了发展都市型农业的要求，并将都市型现代农业作为农业发展方向。近年来，北京市坚持以习近平总书记两次视察北京重要讲话精神为指引，紧紧围绕落实首都城市战略定位、建设国际一流和谐宜居之都要求，深入推进农业供给侧结构性改革，加快调结构、转方式、发展节水农业，“三农”工作取得了显著成效，北京都市型现代农业已经成为一面旗帜，引领全国现代农业的发展。2016 年，《北京市“十三五”时期城乡一体化发展规划》将北京都市农业提升到历史新高度，指出“到 2020 年，北京将全面建成都市型现代农业示范区”，实现高水平的农业现代化。

做好新时代北京“三农”工作，必须把握北京自身特点，北京农业仅占全市 GDP 总量的 0.4%，因此，必须从北京的城乡格局和特点出发，从首都发展的战略高度去谋划和推进城乡融合发展，走出具有首都特点的都市型现代农业发展道路。在这种情况下，需要集思广益，开展多方面、宽领域、深层次的研究，以把握发展现状，借鉴成功经验，探索发展路径，为管理部门提供决策参考。北京市农林科学院农业信息与经济研究所在成立伊始就以服务北京“三农”为己任，充分利用自身的信息资源、科技人才、服务网络等优势，积极面向政府部门、科研单位、企业、合作组织、农民等涉农机构和个人，提供农业科技政策研究、农业需求专题调研、农业科技前沿追踪、农业宏观发展形势分析等多种类型的情报服务。截至目前，共编辑发放与都市型现代农业相关的情报服务产品——《农业科技参考》200 余期，开展需求调研、政策调研、案例调研等形式的专题调研上千次，完成各类研究分析报告数百篇，为北京都市型现代农业发展和城乡一体化建设提供了重要的智力支撑。

本书延续 2013 年、2014 年、2015 年、2016 年版本《北京都市型现代农业现状分析、经验借鉴与路径探索》的架构，精选 2016—2017 年度农业信息与经济研究所农业经济与农村发展研究室成员完成的 17 篇专题调研报告和科研学术论文，汇编成集，希望在对已有研究和服务成果做简要总结梳理的同时，也能为社会各界认识、研究和发展北京都市型现代农业提供参考。全书分为理论篇、实践篇和经验借鉴篇三部分。其中，理论篇部分结合农村一二三产融合发展、农业新业态、农业结构调整、农业科技推广等热点问题开展研究，深入总结和归纳观点，立足区域研究，紧跟学术前沿，研究和发展了都市型现代农业的相关理论；实践篇部分围绕科技对口支援、农产品均衡供应、农业科技服务模式、节水农业发展、能源政策绩效评估等问题进行调查分析和实证研究，以把握北京都市型现代农业发展现状；经验借鉴篇针对农民专业合作社信息化、“星创天地”建设、绿色转型发展、科技特派员制度、农技推广体系等问题，分析国内外经验，从中得出有益于北京都市型现代农业发展的启示。

农业部软科学委员会、农业部信息中心、北京市农村工作委员会、北京市科学技术委员会、北京市农业局等部门对本单位科研和服务工作给予了大力支持。本书中的部分研究报告得到了他们的经费支持，部分专题调研得益于他们的沟通联络和组织协调，部分分析报告则直接使用了他们所提供的文件、数据、总结等宝贵资料。在此，对他们的关心与支持表示衷心感谢！

需要特别说明的是，本书内容只反映参与研究的科研人员个人观点。由于学识和研究水平有限，难免存在一些不成熟和不完善之处。欢迎提出宝贵意见和建议。

编　者

2018 年 5 月

目　录

第一篇　理论篇

第二篇　实践篇

第三篇　经验借鉴篇

第一篇　理论篇

报告1　关于农村一二三产业融合发展的几点思考

推进农业发展与二三产业融合发展，是培育国民经济新的增长点、提升国家产业竞争力的重大举措，是发展创新型经济、实现供给侧结构性改革、促进农业发展方式转变的内在要求，也是推动农业生产和服务创新、催生新业态、带动就业、满足多样化消费需求、增加农民收入的重要的必然途径。国内外学者从产业边界变化、技术扩散渗透、产业竞争关系等不同视角，对产业融合内涵进行了界定，普遍认为产业融合的本质是产业结构的变化。受研究视角及不同经济发展阶段的影响，产业融合基础理论研究借助的案例多体现在信息与通信技术领域，更多的是二三产业融合发展问题，或者是第二产业、第三产业内部融合问题，很少涉及农业。由于农村一二三产业融合发展在中国刚刚起步，相关的理论研究还不成熟，推进农村一二三产业融合的必要性及其内涵尚不明确，实践中一直将农村一二三产业融合、农业产业融合等概念混合使用，影响了问题实质的正确判断和相关政策执行力。本文采用文献资料考察、实地调研、理论分析和逻辑推理等方法，对推进产业融合发展的必要性、农村一二三产业融合与农业产业融合的内涵及区别与联系进行研究，在丰富产业融合研究理论基础上，为相关部门推动产业融合发展提供借鉴和参考。

一、推动农村一二三产业融合的必要性

产业融合发展是符合中国国情实际的战略决策，符合“三农”发展需要。这就决定了分析产业融合发展，对于解决微观、中观和宏观上3个层面上的问题都有重要意义。

1. 从微观层面看，产业融合发展将利于引导农户或企业按照市场需求进行生产，获得更多收益

我国农业长期以来一直坚持分散的、小规模家庭经营生产方式，农业生产的组织化程度低、农民的组织化程度低、农民合作组织发育程度低，这种“小农户”与“大市场”的矛盾成为制约农民增收和农业深化发展的主要原因。近年来，农业生产成本的“地板”在不断被抬高，农产品价格却遇到“天花板”的限制，直接限制了农民家庭经营收入的增长空间，农民收入增幅连续几年低速徘徊在4%以下。以农业产业化的标准来看，“公司+农户”的对接模式只是在加工环节实现了“半截子”产业化。而处于整个产业链上游的生产环节，由于是千家万户的分散经营，势必难以实现标准化，由此导致在源头就埋下了食品安全的隐患。因此，从农户或企业经济行为的微观层面来看，通过产业融合，就是要发挥市场机制发挥调节作用，引导传统分散的农业生产，走组织化、规模化、集约化、标准化的道路，将新技术、新业态和新模式引入农业，用现代理念引领农业，用现代技术改造农业，提高农业竞争力。产业融合发展，将利于完善农民利益联结机制，创新组织模式、经营方式和产权关系，让农民真正分享产业链延伸和功能拓展的好处，并通过市场影响力倒逼源头实行标准化生产，推动产业生产模式升级。

2. 从中观层面看，产业融合发展将利于提升产业竞争力，依托特色获取超额利润和推动区域经济协调发展

我国的农业现代化滞后于二三产业的现代化。据统计，我国种植业年劳动生产率在2万元/人左右，不足同期二产的30%，约为三产

的40%；粮食作物年劳动生产率更低，为二产的20%，不足三产的30%。农业产业链短且窄，上游的科技研发能力较弱，下游农产品加工、储运、销售等诸多环节发展滞后，农业产业链上游与下游距离过大，供给与需求之间脱节，生产各环节之间无法发挥协同效应，制约价值链的实现。此外，产城发展也有不协调。在城镇化过程中，由于一些地方政府重视房地产对经济的拉动作用，忽视了生产要素的集聚和整合，人为地割裂城镇化和工业化、农业产业化的联系，产业培育滞后于城镇化进程，使得农村劳动力大量流向城市，出现了农业副业化、农户兼业化、农村劳动力弱质化、农村“空心化”等一系列问题。从农业及农业产区经济发展的中观层面看，产业融合发展，将意味着更多资源在市场需求引导下向农业和涉农产业部门流动，资源在农业和涉农产业部门实现高效率配置，利于提高农业生产效率和产业竞争力，利于推动产城协调发展、区域“整体联动”发展格局，走以农业产业化促进工业化、城镇化的区域经济发展之路。

3. 宏观层面，产业融合发展，将利于调整产业结构和推动城乡一体化发展

改革开放30多年，中国经济在取得了令世人瞩目的高速增长同时，出现的3次产业之间关系失调、经济发展与能源、资源、环境的矛盾以及产能过剩问题，由此带来经济发展的增速、结构、动力等方面变化，是中国经济未来将长期处于的“新常态”。但由于经济增长过度依赖投资、全球分工中过度依赖加工制造环节和加工贸易、竞争战略过度依赖成本价格，而产业链和价值链中研发设计、营销、品牌和供应链管理等高端环节缺失，即“三个过度和一个缺失”成为经济发展主要问题。产业结构主要矛盾已由数量关系的不合理转向了功能关系的不合理。此外，在以工促农、以城带乡的新型工农城乡关系逐步形成过程中，也出现了城乡之间公共品供给失衡，基础设施建设和社会发展中的不公平、制度创新失调，农业、农村和农民权益保护和发展机会不平等问题，影响了经济社会的全面、协调和可持续发展。因此，从宏观经济发展层面看，产业融合发展将有利于突破价值链两端关键环节，实现跨行业间价值链重构，提升产业分工层级，加快转变经济发展方式；有利于以市场需求为出发点，推进农业产业结构向多层次和高层次升级；有利于改造传统农业、农民与农村，提升农业生产力、农民发展能力和农村发展活力。

二、农村一二三产业融合的相关理论

（一）农村一二三产业融合

1. 基本内涵

农村一二三产业融合，是立足农村，通过挖掘当地自然生态、历史遗产、地域人文、乡村美食等资源，采用制度创新、技术创新、产业集聚等方式，实现不同产业或同一产业内不同产业部门相互渗透、相互交叉，最终融为一体，以产业发展推动农村经济结构调整。也是以农村的资源为依托，以满足市场需求为导向，以完善与农户利益联结机制为核心，以制度、技术和商业模式创新为动力，以新型城镇化为依托，延伸农业产业链，拓展农业多种功能，培育农村新型业态，形成农业与二三产业交叉融合的现代产业体系、惠农富农的利益联结机制、城乡一体化的农村发展新格局。在农村地区，一二三产业融合发展，一产是融合发展基础，为其他要素和产业融合提供了资源、孕育的土壤和发展空间；二产体现了融合的效率，农业工业化的过程中，注重农业生产领域各项投入要素的有效利用，用提高要素综合生产率来衡量；三产引领了产业融合的高度，农业服务化是采用创意、科技、历史、文化等综合手段，提升了农业的知识化、信息化、机械化、国际化水平（图 1–1）。

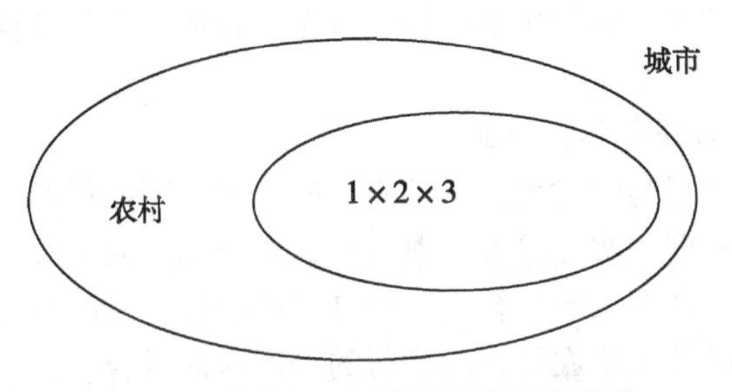

图 1-1　农村一二三产业融合研究范畴

2. 研究内容

对于农村一二三产业融合研究，属于农村经济学范畴。研究内容除巩固农业基础地位外，还有与农业关联的二产、三产业的培育和发展以及城乡关系等问题。具体包括 3 个层面：一是建设农业现代化，巩固农业基础性地位。农业产业链构建、提高农业投入要素（土地、技术、劳动力、资金）效率等，增加农民收入。二是以产业促农村经济发展。新农村建设、可持续发展、第二产业发展、第三产业发展、农村产权制度改革等，转变发展方式，优化农村经济结构，促进农村经济发展。三是城乡发展的失衡、农业、农村相对于工业和城市的不足以及农民相对于市民在权益保护和发展机会上的不平等问题。主要研究方法有实证研究和规范研究法。

3. 评价方法

对于农村一二三产业融合发展的绩效侧重于总量和综合评价，例如，农村经济发展总量、就业水平、可持续性、城乡差距等。农村一二三产业融合涉及“三农”问题比较复杂，需要从农业产业化、农业多功能拓展、农村可持续发展、城乡一体化等多个层面，建立评价体系和选择指标，采用了数据包络法、层次分析法、主成分分析法等进行综合评价。其中，农业产业化评价包括产业化规模，农业产业化联结机制完善程度及农业产业化效益等指标；农业多功能性价值评价，分为对农业单项功能的量化分析和对多项功能综合评估 2 种；农村可持续和城乡一体化则从经济、社会、资源环境等方面选择指标进行评价。

4. 发展路径及各类新业态

产业融合行为的发生，必须有不同产业或不同行业到场，才能称之谓融合。根据实践经验及逻辑分析，农村地区的3次产业融合路径研究至少有一产与二产融合、一产与三产融合、二产与三产融合、一二三产融合以及立足农村资源进行的一产内部融合、二产内部融合和三产内部融合等7个方面。

（1）一产与二产融合。利用工业上的工程技术、装备、技术、设施等改造传统农业，采取企业化、机械化、自动化控制与管理方式，发展工厂化、集约化的高效农业。典型业态是生态农业、精准农业、智慧农业、植物工厂等。

（2）一产与三产融合。一是服务业向农业渗透。利用农业景观资源和农业生产条件，为市民提供观光、休闲、旅游、体验等服务的休闲农业；发挥互联网的扩散优势，提高农产品销售量的农产品电商服务业；依托农业和农村发展，开展的各种主题论坛、研讨会、各类博览会、交易会、节庆活动等会展农业；通过农村土地经营机制改革，盘活农村“三块地”，即农用地、集体建设用地和宅基地，推动土地流转起来，促进土地集约利用和适度规模经营，增加农民的财产性收入。如北京市密云“山里寒舍”经营的连锁式乡村精品度假酒店、通州国际种业科技园区建设模式。二是农业产业链相关环节向服务业扩展。专业服务队或公司为农业生产所需要的农机、农技、动植物疫病防治等服务，这种“外包”农业专业化服务形式，对于解决“谁来种地”“如何种地”问题具有重要作用。典型业态是农村代耕代收、统防统治等生产性服务业。

（3）二产与三产融合。一是二产向三产拓展的工业旅游业，是以工业生产过程、工厂风貌、工人工作生活场景为主要参观内容，开发的旅游活动项目，提高了农业产品知名度。二是三产的文化创意活动带动加工。通过创意、加工、制作等手段，把文化资源转换为各种形式的文化产品，在满足人们日益增长的精神文化需求的同时，创造了巨大的经济效益。如北京市怀柔区九渡河镇红庙村的红灯笼产业，带动了农村经济发展。

（4）一二三产融合。农村 3 次产业联合开发的生态休闲、旅游观光、文化传承、教育体验等多种功能，使 3 次产业形成“你中有我，我中有你”的发展格局。典型业态有农产品物流、智慧农业、种业、食品加工厂观光、酒庄观光以及以产业集群形式发展的“一村一品”“一乡（县）一业”和特色村镇等。

（5）一产内部融合。一是产业链前延后展。以农业为中心，向产前和产后延伸链条，尽可能把种子、农药、肥料供应以及农产品加工、销售等环节纳入农业生产体系内部，提升农业价值链。二是农业内部种植业、养殖业、畜牧业等子产业在经营主体内或主体之间建立起产业上下游之间的有机关联，形成相互衔接、循环往复的发展状态。典型业态有立体农业、林下经济、循环农业等。

（6）二产内部融合。二产内部的各类行业的融合一直存在，例如，石油开采与加工、矿产开采与加工等，内部产业链的延伸提高了生产效率。在研究农村一二三产业融合过程中，农村地区的工业不发达，研究人员重点关注了与农业有关的产业。

（7）三产内部融合。通过挖掘农村生态、历史遗产、地域人文、乡村美食为资源，将其与自然、文化、社会等要素进行创意性配置组合，盘活农村各类资源，形成了以创意促农村产业发展的模式。如北京市的庙上红色文化村、项栅子正蓝旗满族民俗旅游专业村、慕田峪长城国际文化村、杨宋仙台影视拍摄村、新王峪陶艺村等文化创意产业专业村。还有一种是通过深化农村集体经济产权制度改革，创新多元化资产经营方式和机制，实现农村集体资产保值增值，保障农民集体收益分配权。如门头沟在全国率先试点农村集体资产信托化经营管理工作，增强了农村集体经济的发展活力，促进了农民增收。

（二）农业产业融合

农业产业融合立足农业本身，研究现代产业体系建立路径，属于农村一二三产业融合发展的主要内容之一。

1. 基本内涵

农业产业融合，是农业与二三产业，或农业内部不同产业部门相互渗透、相互交叉，最终融为一体形成新产业业态或生产模式。具体而言，以农业为依托，以满足市场需求为导向，通过资源、技术、文化等要素的优化配置，打破产业间割裂，提升3次产业关联度，实现产业链延长和加宽，提升农业竞争力和推动农业的转型升级。从学术研究分类看，农业产业融合研究属于农业经济学范畴。

2. 研究内容

农业产业融合研究，重点围绕产业边界变化、产品整合创新、技术扩散渗透、产业融合过程、产业竞争关系等展开，本质上是产业链构建和产业结构的变化，研究如何提升农业可融合的资源和被融合（接受）能力。研究方法主要有比较分析、综合研究、演绎法和归纳法。产业融合发展过程中，农业从延伸和拓展两个维度构建产业链。其中，延伸产业链长度是加大技术创新，推动农业产业化、调整优化产业结构和布局，提升产业各环节间的关联度、依存度，实现产业的可持续发展。拓展产业链宽度是用互联网思维研究市场需求，推动互联网与传统农业深度融合，创造新的发展生态和产业结构。产业结构的变化包括结构的合理化和高级化。其中，产业结构合理化是各产业之间相互协调，有较强的产业结构转换能力和良好的适应性，能适应市场需求变化，并带来最佳效益的产业结构；产业结构高级化是指产业结构系统从较低级形式向较高级形式的转化过程（图1-2）。

3. 评价方法

农业产业融合绩效评价侧重于微观和效率评价，例如，农产品价

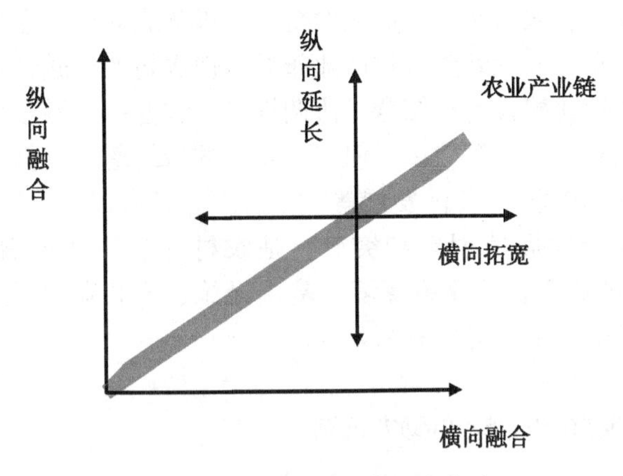

图 1-2 农业产业融合研究范畴

格、组织化程度、产业化水平、产业之间关联度、资源综合利用效率、农民收入、就业水平等。目前，农业产业融合度评价比较常用的方法有：分别是专利相关系数（或专利引文）法、赫芬达尔指数法、产业关联度（或投入产出）法、灰色关联法等，其中，产出关联度法为目前产业融合度测量的主流方法。尽管如此，这些方法在测度产业融合程上均有局限性。专利相关系数（或专利引文）法和赫芬达尔指数法，由于产业专利数据的获取难度，在农业研究上不得不止步于思路分析层面；产业关联度（或投入产出）法，由于投入产出数据滞后，产业类型少，局限性大，无法反映产业融合复杂系统问题；灰色关联的因素统计分析方法，重在考察产业之间关联次序，在查找问题和差距方面存在不足。

4. 发展路径

农业产业融合只是一产与二产、一产与三产、一产内部融合 3 种。农业产业融合与农村地区一二三产业融合的路径，除数量上有差别外，上述 3 种融合路径中，凡涉及非农业资源开发进行的产业融合，也不属农业产业融合范畴。

总体来说，农村一二三产业融合，除推动农业产业融合外，更应加强统筹规划，有序调整农村产业布局，使农村产业融合发展与新农村、新型城镇化建设有机结合、协调推进。农业产业融合强调了产业链、价值链和组织链等建设，但产业发展的最终落脚点仍是解决农业现代化、农民增收和农村发展等“三农”问题。从这个意义上说，农业产业融合发展的创新和突破，是农村一二三产业融合的“引擎”。农村产业融合的政策环境、基础设施、文化制度等方面建设，为农业产业融合发展提供有利条件。

（三）农村产业融合的动力机制

1. 创新驱动是产业融合的技术动因

技术创新是推动产业结构升级最活跃、最积极的因素，也为农业与其他产业价值链上高度相关部分的断裂、分解、重组提供了支撑。以信息技术、生物技术为代表的现代技术创新，使服务业与农业边界的技术渗透扩散成为可能。高新技术对农业的渗透，促使农业与其他产业的技术壁垒逐渐消失，并使产业间的边界趋于模糊，推动了新业态的产生。

2. 消费结构变化是推动产业融合的需求动因

需求的动力是产业发展的源泉。需求结构的变动对于产业结构的变动有着巨大的影响。农业生产必须服从和服务与市场需求，市场需求的结构决定了最终产品的数量和结构。从发展趋势上看，市场消费需求向高端化、个性化、多样化转变，必然带动农业产业结构向多层次和高层次升级。

3. 政府放松管制为产业融合的制度动因

政府的角色是为产业和企业的发展提供良好的环境，而非直接参与。对于生产要素，政府需要加大教育投资，与企业共同创造专业性强的高级生产要素。关于竞争，政府需要做的是鼓励自由竞争，严格执行反垄断法。政府对经济的另一大影响措施是政府采购，在这一点上，政府可以扮演挑剔客户的角色，这对国内企业产业升级和技术创新尤其重要。随着社会发展，政府的作用越来越重要。管制的放松导致其他相关产业的业务加入到本产业的竞争中，从而逐渐走向产业融合。

4. 经济信息化、服务化发展是产业融合的机遇

在工业经济时代，物资和能源是重要资源，物质流是产业之间联系的主导方式。进入信息经济和服务经济时代，发展为以信息流、服务流为基础产业联结方式。信息的适用性、精确性、时效性、易用性和可获得性等属性得到充分发挥，使用价值大大提高，信息的共享性使各行为主体广泛利用。信息化促进了促进经济、社会等环境的变迁，成为牵引产业融合化发展的重要力量。

三、研究结论与讨论

农村一二三产业融合的提出，是经济发展“新常态”下，基于产业发展规律，符合我国的“三农”实际。产业融合发展将直接推动新业态兴起，推动农业供给侧结构性改革和农业现代化，由此也推动了新型城镇化建设和城乡一体化发展。研究显示，农村三产融合属于区域经济研究范畴，强调产业结构优化和推动产城融合；农业产业融合则是产业经济学研究的范畴，重点在于产业链的延伸和拓展。在科技创新、需求变化、制度变革、信息化、服务化发展带来的机遇，成为驱动农村一二三产业融合发展的重要动力。上述机制成为农村经济增长新动力，实现劳动、土地、资本、制度、科技五要素重组综合发力，在提升传统需求的同时着力释放新需求、创造新供给，使农村经济充满生机活力。

农业是国民经济的基础产业，从逻辑上讲，有农业存在必然有农村和农民，因此，城乡差别将一直存在。由于“二元经济”结构在

医疗、教育、基础设施等方面的差别以及所出现的问题是不合理的。但城乡之间在环境、景观、文化、传统等方面的差异将是必然存在的，也是合理的，由此产生的一些融合性的新型产业业态，推动了社会经济发展。农村一二三产业融合发展，将有助于利用城乡之间存在的合理差别，消除一些不合理差别及由此产生的问题。产业融合发展是一个动态过程，随着实践不断丰富，理论水平将一步提升。展望未来，关于农村产业融合研究，更多着力点可能在产业融合发展机制、融合条件、未来可能出现新业态和产业融合发展促进农民增收等方面。

参考文献

陈慈，陈俊红，龚晶，等 . 2018. 当前农业新业态发展的阶段特征与对策建议 [J]. 农业现代化研究，39（01）：48-56.

陈慈，陈俊红，李芸，等 . 2016. 产业融合发展——转型中的北京农业 [M]. 北京：中国农业科学技术出版社 .

陈俊红，孙明德，余军 . 2016. 北京市乡村旅游产业融合度测算及影响因素分析 [J]. 湖北农业科学，55（09）：2 433-2 437.

陈俊红，王尚德，肖宇波 . 2015. 产业融合视角下休闲农业发展的障碍与对策 [J]. 贵州农业科学，43（04）：231-234.

龚晶，谢莉娇 . 2016. 北京市农业高端产业竞争力分析及发展对策研究 [J]. 江苏农业科学，44（10）：559-563.

龚晶 . 2016. 促进农民持续增收 推动农村一二三产业融合发展 [J]. 蔬菜（03）：1-5.

贾军战，李五建，马文哲 . 2010. 关于推进陕西省一县一业建设的思考 [J]. 农业经济问题，11：80-84.

姜长云 . 2015. 推进农村一二三产业融合发展——新题应有新解法 [J]. 中国发展观察（02）：18-22.

李豫新，付金存.2012. 区域农业产业化发展评估指标体系的构建与应用——基于新疆兵团的实证分析［J］. 干旱区地理（4)：656-661.
李芸，陈俊红，陈慈.2017. 北京市农业产业融合评价指数研究［J］. 农业现代化研究，38（02)：204-211.
梁伟军.2011 产业融合视角下的中国农业与相关产业融合发展研究［J］. 科学·经济·社会（4)：12-17.
卢健康，王飞. 2008. 农村经济学与农业经济学比较分析［J］. 中国科技博览（18)：105-106.
马晓河.2015. 推进农村一二三产业深度融合发展［J］. 中国合作经济（2)：43-44.
王爱玲，文化，陈慈.2015. 北京现代农业建设的理论与实践［M］. 北京：中国经济出版社.
肖小虹.2012. 中国农业产业链培育的必要性研究［J］. 企业科技与发展，24：77-78.
颜鹏飞，孙波.2003. 中观经济研究：增长极和区域经济发展理论的再思考［J］. 经济评论，03：61-65.
赵慧峰，李彤，赵邦宏.2000. 农业产业化经营评价指标体系及其实例分析［J］. 农业技术经济（1)：1-5.
植草益.2001. 信息通讯业的产业融合［J］. 中国工业经济（2)：24-27.
Yoffie, D. B. 1997. Competing in the age of digital Convergence [M]. The President and Fellows of Harvard Press.

（主笔人：陈俊红）

报告2　2017年中央一号文件要点梳理

2017年2月5日，中共中央、国务院发布了《关于深入推进农业供给侧结构性改革加快培育农业农村发展新动能的若干意见》（以下简称“一号文件”），全文约13 000字，共分6个部分33条，涉及农村经济、社会、生态环境、农民民生、改革和发展等多个方面。本文对一号文件的要点进行了梳理，以期进一步加深对一号文件精神的理解和把握，为相关部门指导下一步工作提供参考借鉴。

一、一号文件的出台背景

当前，农业农村发展的内外环境发生了很大变化，出现许多新矛盾、新问题。

（一）农产品供求结构失衡

近年来，我国粮食领域的问题日益突出，由于消费结构升级、价格机制问题等原因，部分农产品供需结构矛盾突出。玉米阶段性供过于求，为减轻玉米供需失衡，政府自2011年以来连续提高玉米临储收购量，造成库存严重积压。玉米临储的政策，一方面增加了财政负担；另一方面使玉米在供给过剩的情况下继续增产，导致玉米供需失衡更为严重，2015年年末，玉米库存达到消费量的1.76倍（图2-

1)。与玉米截然相反，我国的大豆产量呈逐年下降趋势，连年供不应求，供给缺口不断扩大，2010—2015 年，我国大豆供给缺口由 5 200 万 t 扩大至接近 8 300 万 t，但大豆产量却从接近 1 600 万 t 下降至不到 1 100 万 t（图 2-2）。

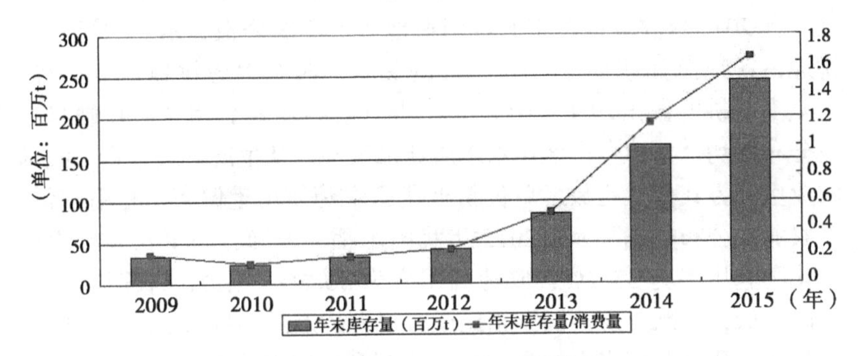

图 2-1　2009—2015 年玉米库存量

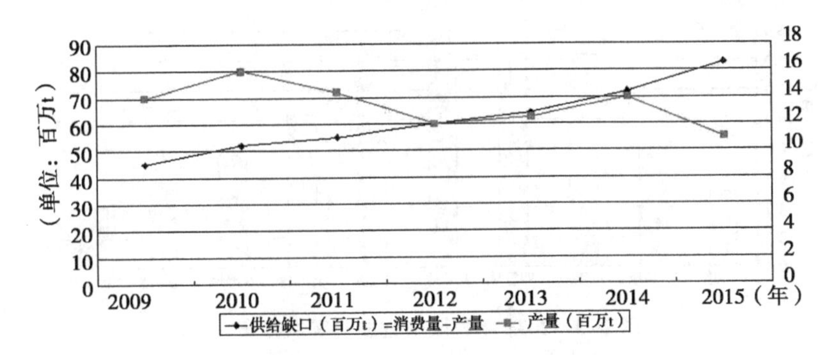

图 2-2　2009—2015 年大豆供给量

（二）资源环境压力大

从耕地资源上看，虽然我国出台了极为严格的耕地政策，并提出了占补平衡等保护耕地的措施，但是，耕地数量仍然不断减少，而且，据2012年农业部发布的全国耕地质量等级公报显示，一至三等耕地占耕地总面积的27.3%，总量最少，四至六等耕地占44.8%，七至十等耕地占27.9%（图2-3）。从水资源上看，水资源短缺且时空分布不均，口粮主产区用水矛盾愈加突出。从生产方式上看，我国农业生产方式依然粗放，单位耕地化肥农药使用量偏高、利用率低，据农业部公布数据显示，2015年我国水稻、玉米、小麦三大粮食作物化肥利用率为35.2%，农药利用率为36.6%，化肥、农药利用率仍然偏低，与欧美发达国家相比还有很大的差距，目前欧洲主要国家粮食作物化肥利用率大约为65%，农药利用率大约为50%~60%。

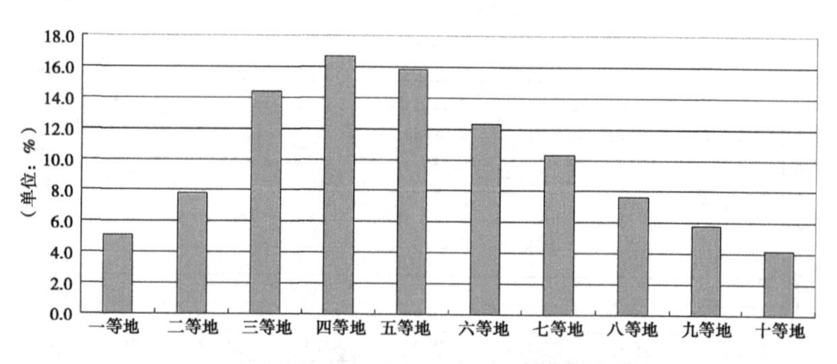

图2-3　2012年我国耕地质量等级分布

（三）国内外粮食价格倒挂严重

随着中国进入新发展阶段，劳动力、土地、环境保护及质量安全成本的显性化和不断提高，中国农业进入了成本快速上涨时期。数据显示，与2010年相比，2015年我国稻谷、小麦和玉米3种粮食的平均成本提高了47%，花生和油菜子2种油料的平均成本提高了60%（图2-4）。其中，2010—2013年，粮食种植的人工成本上涨最快，平均年涨幅为23%。而在2014年和2015年，粮食种植的土地成本上涨最快，平均年涨幅为9.61%（图2-5）。为保障农民收益的合理性、提高农民种粮的积极性，我国不断提高临时收储价格和最低收购价，政府托市收购、国际粮价大幅下跌、国际航运价格下跌、汇率等多种因素的综合结果造成了部分农产品的国内外价差较大，据2016年《国内大宗商品溢价与供给侧改革》报告指出，近些年，国内大豆、小麦等农产品价格高于进口价格，导致国内农产品缺乏竞争力。

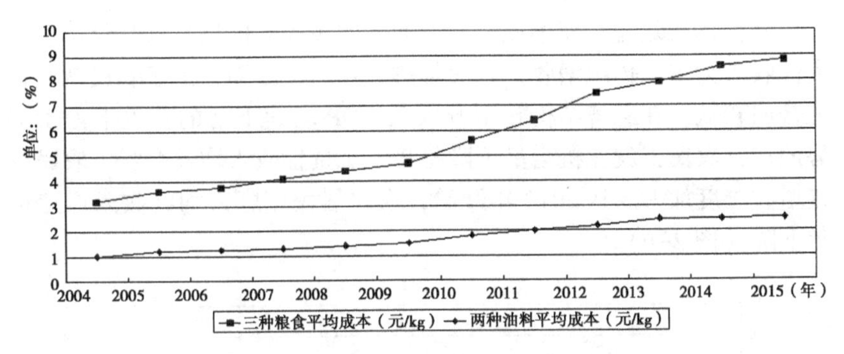

图2-4 2004—2015年国内农产品生产成本

注：3种粮食指稻谷、小麦和玉米；2种油料指花生和油菜子

（四）农民增收放缓

近年来粮价稳步上涨，但由于生产成本增长较快，而粮食价格涨

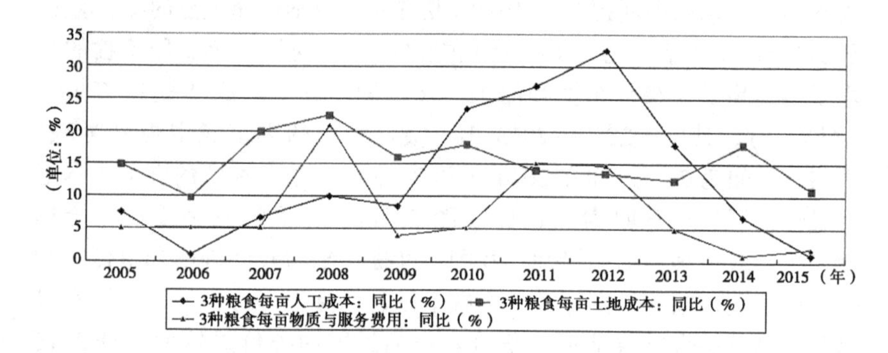

图 2-5 2005—2015 年国内粮食成本

注：3 种粮食指稻谷、小麦和玉米

幅低于成本增幅，加之自然灾害频发，水稻、小麦的种植收益不升反降，种粮比较效益长期偏低。一方面，农民收入的增长这几年都以工资性收入为主，传统增收方式面临挑战；另一方面，由于农民就业技能普遍较低，在经济结构转型升级及 GDP 增速下滑的背景下处于弱势地位，农民工就业机会呈下降趋势，工资性收入增长变缓，农民持续增收难度加大。从 2012 年开始，农村居民家庭人均纯收入增速逐年下降（图 2-6）。

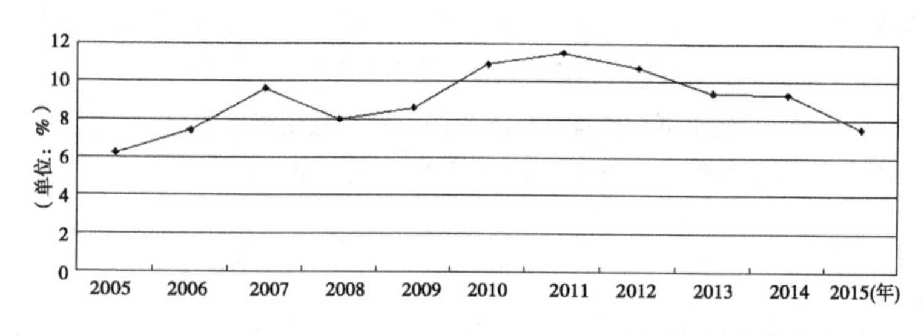

图 2-6 农村居民家庭人均纯收入增速（1978 年 =100）

二、一号文件的实现目标

长期以来，保障农产品有效供给、农民增收、农业可持续发展一直是我国农业发展政策追求的目标。党的十七届三中全会明确提出，发展现代农业，必须按照高产、优质、高效、生态、安全的要求，加快转变农业发展方式。2014 年中央经济工作会议和农村工作会议以及 2015 年中央“一号文件”，都明确提出了要通过深化改革，坚定不移加快转变农业发展方式，走产出高效、产品安全、资源节约、环境友好的现代农业发展道路。2016 年中央“一号文件”提出要优化农业资源配置，扩大农产品有效供给，推进农村产业融合，促进农民收入持续较快增长。2015 年 10 月，农业部部长韩长赋更是用通俗的语言指出，“十三五”农业发展的 3 项任务就是“搞饭、搞钱、搞绿”，“搞饭”“搞钱”指的是确保国家粮食安全和增加农民收入，“搞绿”就是保护农村生态环境、维持农业发展的可持续性。2017 年中央“一号文件”又一次强调了农业政策发展的目标，指出要推进农业供给侧结构性改革，要在确保国家粮食安全的基础上，紧紧围绕市场需求变化，以增加农民收入、保障有效供给、促进农业绿色发展。

（一）保障农产品有效供给

2017 年“一号文件”明确提出了保障有效供给的主要目标以及提高农业供给质量的主攻方向。

一是高产。农业是国民经济的基础，作为世界上第一人口大国，足够的粮食产量、养活世界上最庞大的人口群体，一直是我国农业长久以来追求的主要目标。

二是高效。对于我国当代农业来说，耕地、水、矿产等资源极为紧缺，劳动力成本也逐年提升，因此，我国农业现代化所追求的高产目标应是高资源生产率，即以较少的劳动力以及水、土地、矿产等资源来生产较多的粮食及其他农产品，以满足我国人民日益增长的需求。

三是优质。随着生活水平的不断提高，人们越来越关注农产品的质量，不仅要吃饱，也要吃好，这就对农产品又提出了优质安全的要求。

（二）增加农民收入

“三农”问题的核心是农民问题，而农民问题最直观呈现的是农民的收入问题，提高农民收入水平是改善我国农民的生活质量、调动农民生产积极性、推动农业经济好又快发展的基础。党的十八大提出“解决好农业、农村、农民问题是全党工作的重中之重”。因此，政府和农业部在新时期将农民增收作为“三农”工作开展的首要任务，也当做农业经济和农村工作开展的长期目标。针对农民增收持续乏力，2017 年一号文件提出要进一步提高农业补贴政策的指向性和精准性，重点补主产区、农民收入等。要探索建立农产品收入保险制度。探索农村集体组织以出租、合作等方式盘活利用空闲农房及宅基地，增加农民财产性收入。

（三）保持农业可持续性

随着化肥、农药、农膜和农业机械等广泛深入地应用于农业生产后，我国农业生产力大幅度提高，农业专业化生产迅速发展，农产品商品化程度不断提高，但由于大量消耗资源和粗放经营，随之而来的是土壤退化、环境污染、资源紧缺、农业生产成本提高、危及人类健康与安全等问题的出现。面对农业生态环境问题的日益严峻，人们对已有的现代农业发展模式进行了反思和重审，并开始了农业可持续性发展的实践探索。2017 年“一号文件”提出要推进农业供给侧结构性改革，促进农业农村发展由过度依赖资源消耗、主要满足量的需求，向追求绿色生态可持续、更加注重满足质的需求转变。推行绿色生产方式，增强农业可持续发展能力，推进农业清洁生产，实施农业节水工程，集中治理农业环境突出问题，加强重大生态工程建设。

三、一号文件主攻的两大板块

当前农业发展新矛盾新问题的主要方面在供给侧，突出的是结构性、体制性矛盾，必须深入推进农业供给侧结构性改革。2017 年“一号文件”紧紧围绕“农业供给侧结构调整+改革”两大板块来谋篇布局。

（一）农业供给侧结构调整

1. 推进三大调整

调优产品结构，突出一个“优”字，要顺应市场需求变化，消除无效供给，增加有效供给，减少低端供给，拓展高端供给，突出“优质专用”大宗农产品和“特色优势”其他农产品的生产供给。2017 年“一号文件”提出要按照“稳粮、优经、扩饲”的要求，加快构建粮经饲协调发展的三元种植结构，发展规模高效养殖业，做大做强优势特色产业，优化农业区域布局，提升农产品质量和食品安全水平。

调好生产方式，突出一个“绿”字，推行绿色生产方式，修复治理生态环境，既还历史旧账，也为子孙后代留生存和发展空间。2017 年“一号文件”提出了推进农业清洁生产、大规模实施农业节水工程、集中治理农业环境突出问题、加强重大生态工程建设等政策措施。

调顺产业体系，突出一个“新”字，就是要着力发展农村新产业新业态，促进三产深度融合，实现农业的全环节升级、全链条升值。2017年“一号文件”提出了大力发展乡村休闲旅游产业、推进农村电商发展、加快发展现代食品产业、培育宜居宜业特色村镇等政策举措。

2. 强化两大支撑

强化科技支撑，就是要适应农业由量到质转变的大趋势，创新农业技术体系和技术路线，为农业插上科技的翅膀，为此，2017年“一号文件”提出了要加强农业科技研发、强化农业科技推广、完善农业科技创新激励机制、提升农业科技园区建设水平等方面政策措施。

强化基础支撑，就是要补齐农业农村基础设施和公共服务短板，增强农业农村发展后劲，实现发展成果共享。2017年“一号文件”强调了加强农田基本建设、改善农村人居环境、提升农村基本公共服务水平和扎实推进脱贫攻坚等内容。

（二）改革

改革的核心是要理顺政府和市场的关系，实现三大激活。

一是激活市场，改变不合理的农业供给结构，更好满足需求，必须充分发挥市场在资源配置中的决定性作用，更好发挥政府作用，让市场力量引领结构调整。2017年“一号文件”提出了深化粮食等重要农产品价格形成机制和收储制度改革、完善农业补贴制度等重要举措。

二是激活要素，就是要改革优化现有的资源要素配置，提高资源要素利用效率，唤醒农村沉睡资源，为农业供给侧结构调整提供必备的资金、土地等物质条件。2017年“一号文件”为此相应提出了改革财政支农投入机制、加快农村金融创新、深化集体产权制度改革和探索建立农业农村发展用地保障机制等重大政策举措。

三是激活主体，调整农业结构，促进农业农村发展，要激活各类人才到农业农村创新创业。2017 年“一号文件”在有关部分提出了培育新型农业经营主体和服务主体、开发农村人力资源和吸引各类人才回乡下乡创业创新等政策措施。

四、一号文件突出的三大政策亮点

（一）注重抓手、平台和载体建设

任何工作、政策必须具备平台、抓手和载体才能落地。2017 年一号文件将“三区三园一体”作为“三农”问题的抓手、平台和载体，提出了通过“三区三园一体”建设优化农村产业结构，促进三产深度融合，把农村各种资金、科技、人才、项目等要素聚集在一起，加快推动现代农业的发展。

1. “三区”

“三区”是指粮食生产功能区、重要农产品保护区和特色农产品优势区。建设粮食生产功能区是为了确保国家粮食安全，粮食品种包括稻谷、小米、玉米等主要粮食作物。建设重要农产品保护区，是为了确保我国重要农产品能够保持基本自给，这些品种包括大豆、棉花、油菜子、糖料蔗、天然橡胶这五大产品。建设特色农产品优势区，主要是为满足市场多样化需求，提高我国农业综合效益和竞争力。

2. “三园”

“三园”是指现代农业产业园、科技园、创业园。建设现代农业产业园主要是聚集现代生产要素，发挥技术集成、产业融合、创业平台、核心辐射等功能作用，促进农业生产加工物流研发示范服务等功能相互融合，目的是形成现代农业产业集群。建设科技园，主要是突出科技创新、科技应用、试验示范、科技服务与培训等功能，目的是要打造现代农业创新高地。建设创业园，是为回乡下乡返乡创业人才创业创新提供必要的平台。

3. “一体”

“一体”是指田园综合体，“一号文件”特别规定，支持有条件的乡村建设以农业合作社为主要载体，让农民充分参与和获得收益，建设集循环农业、创意农业、农事体验于一体的田园综合体，通过农业综合开发、农村综合改革转移支付等渠道开展试点示范。

案例：无锡阳山田园综合体

无锡阳山田园综合体，是无锡阳山农村生活综合项目的第一阶段，被称为“东方田园”，位于无锡市惠山区阳山镇，是第一个在中国展示农村休闲生活方式的综合项目，包括现代农业、休闲旅游和农村社区3个板块。无锡阳山镇境内良田阡陌，桑绿桃红，土壤肥沃，尤其适合水蜜桃种植，水蜜桃种植已是阳山镇主导农业产业。该项目突出发扬当地特色“桃”文化，营造“桃花坞里桃花庵，桃花庵下桃花仙”的人间胜境，结合当地大面积高品质桃林，利用原址风貌，有选择地对现有老建筑进行改造加建，并充分融合大阳山、小阳山、长腰山等景观资源。该项目坚持“以人为本”，强化社区参与性及环境互融性，为社区居民提供《归园田居》中世外桃源般的生活方式；坚持“尊重自然”原则，将生态设计理念融入“田园综合体”项目中，利用食物链、生态循环、垃圾回收利用、沼气等，实现农业的生态化可持续发展。目前，无锡阳山田园综合体项目已投入运营，二期规划设计和项目建设也在推进中。

（二）优化农业资源和要素配置

2017年“一号文件”十分注意优化农业资源和要素的配置，提出要大规模实施农业节水工程，整合撬动财政金融资金，盘活利用闲置宅基地等方面的政策。

1. 农业节水

缺水是我国农业发展的一个突出“瓶颈”，农田有效灌溉系数只有0.53，比很多发达国家低0.2%，尤其在粮食生产主产区——华北、西北、东北三北地区，地下水超采非常严重，同时，水资源时空分布也很不均匀。从长远看，除了引水、调水、南蓄水等必要工程外，解决好缺水和高耗水问题，节水才是最迫切、最有效的途径。一号文件强调要把节水作为一个方向性、战略性的大事来抓，提出要加快完善一整套、一系列促进农业节水的政策体系。

2. 财政支农资金

在财政资金的使用上，一号文件提出要做好“整合”和“撬动”。当前经济下行压力比较大，财力增收也很困难，无法实现对“三农”投入的大幅度增加，在这种情况下，一号文件强调要适度增加政府对农业农村的投入。整合就是通过对存量资金进行统筹整合，集中力量把应该办的事情办好；撬动就是用财政资金作“药引子”，发挥四两拨千斤的作用，充分撬动社会和金融资本投入到农业农村建设当中。

3. 农业用地

当前休闲农业、乡村旅游、乡村养老等新产业新业态用地需求旺盛，“一号文件”提出允许通过村庄整治、宅基地整理等节约的建设用地采取入股、联营等方式，重点支持乡村休闲旅游养老等产业和农村三产融合发展。一号文件强调，要认真总结农村宅基地制度改革试点经验，在充分保障农户宅基地用益物权、防止外部资本对其进行侵占控制的前提下，落实宅基地集体所有权，维护农户依法取得的宅基地占有和使用权，探索农村集体组织以出租、合作等方式盘活利用空闲农房及宅基地。

（三）加强新型农业经营主体建设和人才保障

农民始终是现代农业的主体，2017 年“一号文件”在新型农业经营主体建设和人才的保障方面，给予了相当篇幅的关注。

1. 加快构建职业农民队伍

新型职业农民已成为发展农村新产业新业态的先行者，成为应用新技术新装备的引领者，成为创办新型农业经营主体、发展适度规模经营的实践者。“一号文件”指出，开发农村人力资源，重点围绕新型职业农民培育、农民工职业技能提升，整合各类渠道培训资金、资源，建立政府主导、部门协作、统筹安排、产业带动的培训机制。完善新型职业农民培育体系，探索政府购买服务等办法，发挥企业培训主体作用，提高农民工技能培训针对性和实效性。

2. 优化农业从业者结构

新形势下，农业农村正发生着深刻变化：调结构转方式、发力供给侧、“互联网+”、工商资本进军农业，新形势要求必须优化农业从业者结构。一号文件提出，要优化农业从业者结构，深入推进现代青年农场主、林场主培养计划和新型农业经营主体带头人轮训计划，探索培育农业职业经理人，培养适应现代农业发展的新农民。积极发展生产、供销、信用“三位一体”的综合合作。

3. 强化农业人才队伍建设

当前急需培养乡村建筑设计、乡村规划人才，“一号文件”提出，鼓励高等学校、职业院校开设乡村规划建设、乡村住宅设计等相关专业和课程，培育一批专业人才，扶持一批乡村工匠。全面落实城乡统一、重在农村的义务教育经费保障机制，加强乡村教师队伍建设。加强农村基层卫生人才培养。鼓励高校毕业生、企业主、农业科技人员、留学归国人员等各类人才回乡下乡创业创新，将现代科技、生产方式和经营模式引入农村。

参考文献

传云 . 2017. 2017 年中央 1 号文件解读 [J]. 农机科技推广 (02)：10.

中国农民合作社编辑部 . 2017. 解读 2017 年中央 1 号文件 [J]. 中国农民合作社 (03)：18-20.

（主笔人：陈香玉　赵姜）

报告 3　北京农业结构调整与“三率”均衡发展

近年来，北京农业作为特大城市战略性基础产业的地位得到很好巩固。以农业内部各产业的产值比重、种养业内部结构等指标分析，北京农业结构调整大体可划分为四次：一是数量型农业阶段（1949—1992 年）；二是效益型农业阶段（1993—2001 年）；三是都市型农业阶段（2002—2013 年）；四是生态型农业阶段（2014 年至今）。纵观上述 4 次结构调整历程，每一次农业产业结构调整都有其发展背景和产业特点。每一阶段的结构调整，都服从和服务于不同时期城市功能定位和城乡建设需要。

“三率”，即土地产出率、劳动生产率和资源利用率，是北京农业结构调整成效成果的有力说明，也是北京现代农业发展水平的客观衡量。提高“三率”贯穿于农业结构调整的每个阶段。但每个阶段由于所处背景与形势的不同，对“三率”的侧重点不同。由于北京农业土地产出率已处于较高水平，未来北京农业“三率”提升空间将更多地放在劳动生产率和资源利用率上。与此同时，受资源的约束，提高资源利用率成为第一考虑的前提，也是以高效节水为主题的新一轮农业结构调整的重点。

一、北京农业结构调整历程

(一) 1978—1992 年，增产型农业阶段

以追求产量为主的增产型农业，这一阶段的目标是抓米袋子、菜篮子，保证城市供应。所以，这一阶段也称为“保供型”农业阶段。

改革开放初期，农副生产与首都城市的需要存在很大的差距，20世纪70年代中期，每个农业劳动力提供的粮食只有1 051.5 kg、肉类49kg、奶32kg、蛋0.5kg，与城市持续增长的需求不匹配，粮、肉、蛋、奶等诸多农产品产需矛盾相当突出。1978年，北京市以“服务首都，富裕农民，建设社会主义现代化新农村”为指导方针，积极调整农业生产经营形式和农业内部生产结构，恢复并发展农业生产，以满足首都人民农副产品的需要。

这一时期，北京农业的结构调整又可细分为2个阶段。

1. 1980年以前，以粮为纲阶段，主攻单产，增加总产

以“农业是国民经济的基础，粮食是基础的基础”和“以粮为纲”为方针，农业生产的目的是为解决人民温饱，农业生产的重点是粮食生产，重点围绕粮食高产稳产，主要进行种植制度调整，提高复种指数。农作制度经历了“一年一熟”“三种三收”“间作套种制”“两茬平作”制，复种指数保持在165%。粮食总产量由1949年的41.7万t增加到1980年的186.0万t，粮食耕地亩（1亩≈667m^2。全书同）产由1949年的57kg/亩增加到1980年的226kg/亩。

2. 1980—1992年，关注居民膳食营养，扩大副食品生产规模

改革开放后，粮食产量的增加使得生存问题得到解决并实现温饱，居民的营养问题开始凸显，农业的副食品供给功能受到重视。这一时期农业结构调整的重点关注居民膳食营养，重点发展禽、蛋、水

产品和牛奶生产。20 世纪 80 年代初北京着重发展蛋鸡和肉鸡生产，尤其是在 1985 年前后狠抓规模猪场和池塘养鱼。至 90 年代初，禽、蛋、奶、水产品等副食品生产规模明显扩大，由单一的粮食生产发展到建立成农副食品生产基地，有效缓解了城市对主要农副产品的需求与生产方面的矛盾。

经过这一阶段调整，种植业在农业总产值中的比重开始下降，畜牧业在农业总产值中的比重持续上升，农：林：牧：渔产值比由 1978 年的 77.39：1.74：20.87：0.09 调整到 50.24：2.15：44.35：3.26。

（二）1993—2002 年，增效型农业阶段

从这一阶段开始，北京农业由过去以追求数量为主的“增产农业”，转向高产、优质并重，以提高效益为主的“增效农业”，将“土地刨食”变为“土地刨钱”。

这一阶段农业结构调整出台的背景为：①1992 年，我国明确建立社会主义市场经济体制；②农村经济出现了新的问题，大多数农产品供求关系由卖方市场向买房市场转变，农产品销售不畅，价格下跌。乡镇企业发展速度放慢，效益下滑，农村剩余劳动力出现了回流现象，农民对从土地上取得更好经济效益的愿望更加迫切。在上述背景下，适应市场经济要求，1992 年提出大力发展高产、优质、高效农业。1997 年北京市委、市政府提出，把发展“六种农业”作为农业结构调整的切入点和推进农业现代化建设的重要途径。

以面向市场，突出效益，发展农业高端高效产业为目标，这一轮结构调整的主要内容包括：①一是积极发展农产品流通、加工和食品制造业，促进了农产品生产、加工、销售一体化发展。到 2001 年，郊区生产总值中二三产业所占比例达到 85.1%。②种养业并举。围绕提高农民收入，推进养殖业发展。2001 年，养殖业产值比重首次

超过种植业，占农业的比重提高到了49%，形成了种养业并举的新格局。③推动粮经饲三元种植结构。1978年前，粮食作物：经济作物=84：16（播种面积）；2002年，粮食作物：经济作物：饲料作物=43：46：11。④在产品结构调整方面，由大陆产品生产转到高档产品生产上来，发展"六种农业"。1999年，"六种农业"创造产值93亿元，占大农业总产值的34.5%。在当年遭受严重旱灾的情况下，农业增加值增幅提高到2.5%，打破了20世纪90年代以来徘徊不前的局面。2002年，籽种产业占农业总产值比重提高到27.4%。设施农业发展到31.1万亩，比1999年增长1.3倍，占种植业总产值的65%以上。

（三）2003—2013年，都市型农业阶段

随着北京工业化进程的不断加快，农业生产空间逐渐被压缩。与此同时，北京农业已经进入到农业和城市关系的高级阶段，农村开始共享城市发展成果。2003年，北京市启动"221行动计划"，标志着北京进入到都市型现代农业阶段。以拓展农业多功能为主线，开发农业生产、生态、生活、示范4种功能，发展籽种农业、循环农业、休闲农业和示范农业等4种农业，农业新的产业形态和价值得到了更好的诠释和拓展，实现了农业向为城市服务的进一步转变，北京农业发生重大功能性改变。

籽种农业、休闲农业、会展农业、景观农业等成为都市型现代农业发展的重要力量。2014年，休闲农业与乡村旅游产值36.17亿元，相当于农业总产值的8.61%；籽种农业收入14.03亿元，相当于农业总产值的3.34%；设施农业收入51.27亿元，占农业总产值的12.20%。

（四）2014年至今，生态型农业阶段

借鉴国内外都市农业发展的普遍经验，当都市农业发展到一定阶段后，“稳定产品功能、强化生态功能、突出生活功能”的发展选择是基本规律。虽然农业产值在GDP中的比重不断降低，但农业对于北京宜居城市建设的生态本底更具有战略重要性。尤其是随着城市资源环境约束的趋紧，农业对于大城市的生态环境改善显得更为重要。农业由以前的突出生产功能，之后的突出生活功能，发展到突出生态功能。

以2014年9月，北京市发布《关于调结构转方式发展高效节水农业的意见》（京发［2014］16号）为标志，北京进入到以发展生态高效农业为主题的新一轮农业结构调整。此次农业结构调整坚持量水发展、生态优先、提质增效、农民增收的工作原则，按照“调粮保菜，做精畜牧水产业”的目标，优化农业空间布局，推动农业瘦身健体。调减高耗水农作物生产，按照“减粮、扩经、稳饲、强种”的思路，构建“粮经四种”均衡布局的农作物四元结构。大力发展现代种业、“菜篮子”农产品生产和观光休闲农业，促进鲜活营养、品种多元、优质高端农产品生产，形成结构合理、保障有力的农产品的有效供给。预计到2020年，农业用新水由2013年的7亿m^3左右下降到5亿m^3左右，农田灌溉水有效利用系数从0.7提高到0.75，达到国际先进水平。

二、农业结构调整与“三率”的联动发展

（一）历次农业结构调整对“三率”的侧重点

提高“三率”贯穿于农业调整的整个阶段。但每个阶段由于所

处的背景及形势的变化，对“三率”的侧重点有所转移。在增产型农业阶段，由于保供给需要，农业要千方百计增加产出，这一阶段，土地产出率是关注的重点，农业生产追求“斤”，大力提高单产。在增效型农业阶段，进入市场经济时期，随着劳动力成本的进一步提高，提高劳动生产率变得紧迫。通过发展农业高端高效产业和设施农业等劳动密集型、技术密集型产业，农业生产更注重效益，追求“元”（或者工时效率），即农民工干一天活能挣多少钱。到了生态型农业阶段，资源利用率摆在首位，重视“水”，坚持量水生产成为北京市农业发展应坚持的原则。整体上，北京市农业产业结构调整经历了从重视“斤”（土地产出率）-重视“元”（也称重视“工”，即农业的全员劳动生产率，每个劳动工日收入）-重视“水”（资源利用率）这样一个转移历程。

即受人多地少这一资源禀赋所决定，提高农业土地产出率都是农业结构调整转换的永恒主题；但是，当经济发展到一定程度，伴随着农业与非农产业之间收入差距的拉大以及农业剩余劳动力的转移，劳动生产率的提高显得重要；进一步，当资源约束日益趋紧，资源利用率的提高变得更加重视。

（二）历次农业结构调整中“三率”的提升路径

受经济社会发展水平的影响，每个农业结构调整阶段，“三率”的提升路径不同，经历了由种植制度调整—高端高效农业生产—产品附加值提升—生态节水这一历程。以土地产出率的提升为例。增产型农业阶段，土地产出率的提高主要依靠种植制度的调整，提高单产；增效型农业阶段，土地产出率的提升主要产业结构和产品结构的调整，发展高端高效产业（6种农业）；都市型农业阶段，土地产出率的提升主要依靠挖掘农业多种功能，发展农业多种业态，提高农产品科技、文化等附加值；生态型农业阶段，除继续推进产业的深度融合外，土地产出率的提高还依靠生态附加值的提升。未来，随着北京市农业产业结构向高技术、高资本密集、高附加值发展，土地产出率的提升，将越来越依靠于科技创新驱动。

（三）未来“三率”的提升空间

1. “三率”水平测算

数据来源于两方面：第一，国家、北京市统计年鉴数据；第二，北京市统计局、农业局、水务局等部门数据。在数据指标值选取上，遵循同一口径同一出处的原则，以保持数据结果的客观性、真实性和可比性。计算公式如下。

土地综合产出率=一产增加值/耕地面积；

劳动生产率=一产增加值/一产从业人员；

资源利用率（万元农业 GDP 耗水）=农业耗用净水量/一产增加值

经测算，2015 年，北京农业土地综合产出率4 248元/亩，农业劳动生产率为27 873元/劳，农业用水效率即万元农业 GDP 耗水为463. 6m^3/万元。

2. 国内外“三率”水平对比分析

通过与国内外国家和地区、城市“三率”水平进行对比，分析北京农业“三率”提升空间。对比国家选择依据有二：一是经济发展水平不低于北京。按世界银行 2008 年世界各国经济发展水平最新划分标准，人均国民总收入（GNI）高于 11 905 美元即为高收入国家。北京市 2015 年人均 GDP 17 064 美元，达到高收入发展水平。故选取高收入国家作为对比方。二是农业资源禀赋与北京相仿。北京市现有耕地面积 331 万亩，按户籍人口算，人均耕地面积仅 0. 16 亩。农业资源禀赋体现为人多地少，耕地资源稀缺，农户生产规模小。以色列、日本、韩国农业资源禀赋与北京相似。

按上述原则，选取美国、德国、英国、法国、以色列、日本、韩国、荷兰共8个国家作为国外对比方。

经测算，北京农业“三率”水平在国内处于较高水平。与国际比较，土地产出率较高而农业劳动生产率较低。

（1）2015年，北京市农业土地产出率为683美元/亩[①]，高于美、英、法、德四国，为日本农业土地产出率的4/5、韩国的3/5。

（2）2015年，北京市农业劳动生产率为4 481美元/劳。与国际水平比较，以色列农业劳动生产率是北京市的21倍多，美、日、荷、韩等国和中国台湾地区分别是北京市的19倍多、10.49倍、14.65倍、5.95倍和6.19倍。不论是与人地比例有利的美国相比，还是与人地比例极为不利的日本、韩国相比，北京市的农业劳动生产率均较低。

（3）北京农业用水效率为2 884 m^3/万美元，与日本和韩国水平接近，约为以色列的1/2。

三、“三率”均衡视角下北京农业结构调整的建议

（一）明确农业“三率”提高的优先序，提高政策的针对性

从国际比较层面看，北京存在土地生产率较高而劳动生产率较低的不对称性，未来应将提高劳动生产率放在农业发展的突出位置。一般而言，同一经济体在不同时期可能会强调农业生产率的不同方面，这由资源禀赋条件或要素相对价格所决定。劳动生产率提升是对劳动力要素短缺或成本较高的一个回应，土地综合产出率提升是对土地资源短缺的一个回应。现阶段，随着北京市工业化和城市化进程的快速

① 2015年美元汇率按6.22折算

推进，劳动力成本的提升将导致重视劳动生产率。这从日本农业发展从重视土地产出率转向重视劳动生产率的演变轨迹可以得到支撑。因此，当前在以提高资源利用率为第一考虑的前提下，应将大力提高农业劳动生产率放在提出位置。

（二）以提高农产品附加值作为农业“三率”提升的重要路径

通过提高农业附加值，提升农业单位面积的产值，是当前农业“三率”提升的重要途径。构建高精尖产业体系，推进地产鲜活农产品的品质和品牌建设，提高核心竞争力和中高端市场占有率，实现优质优价。推动粮经饲统筹、农林牧渔结合、种养加一体、一二三产业融合发展，促进农业降成本、减消耗、提质量、增效益。推动农业+互联网、农业+服务、农业+医疗、农业+养老、农业+物流等领域的业态创新和模式创新，打造农业新的经济增长点。

（三）强化农业生产体系中的科技创新，科技支撑“三率”水平提升

未来农业“三率”提升将更多地依靠科技创新。扩大劳均耕地面积是目前提高农业劳动生产率的一个现实途径。大力推进农业机械化，加快推进与都市型现代农业相适应的农业机械化，加快推进节水机械、节药型植保机械的推广与应用；加大适用于设施农业作业的新型机械的研发与推广；推进畜牧、水产养殖业的生产机械化及资源化利用机械化；加大农业机械的智能化研发与应用，实现农业生产的精准化、智能化；推进物联网、北斗、智能灌溉、云计算、大数据等一批高新信息技术在农业中的应用。科技提高土地产出率。提高土地产出率，一是提高单位面积的产出。如大力推广高效立体种养技术，由平面生产面立体生产发展，向空间要产量、要效益，发挥有限地面的生产潜力。二是提高单位面积的产值。构建“高精尖”的都市农业

技术体系，大力发展“菜篮子”产业、现代种业、景观休闲农业等。科技提高资源利用率。围绕北京市农业用新水目标，加大农业高效节水灌溉设施如大田用喷灌，设施作物、果树采滴灌、微喷及小管出流等高效节水设施的示范与推广，实现农业高效节水灌溉设施全覆盖。大力示范推广菜田高效精量节水、旱作农业节水、大田作物节水、水肥一体化、精准灌溉等技术。

（四）创新农业经营方式，加快发展农业生产性服务业

大力发展农业生产性服务业，通过服务的规模化实现经营的规模化。当前郊区专业化服务组织（机构）如板栗修剪、樱桃修剪、草莓管理、农机服务、植保防控等的建立和运行成效表明农业生产性服务业适应现阶段农业发展需要。加大政府购买公益性服务力度，围绕北京都市型现代农业的主要生产环节和关键技术，开展病虫害统防统治、农机深耕深松、农业废弃物回收利用、无害化处理、农业面源污染防治、农产品质量安全提升等，推动政府购买农业公益性服务。

（主笔人：陈慈）

报告4　农业新业态的特征、类型与作用

业态是产业发展层次和阶段的外化体现，产业业态的推陈出新、新业态的发展演变，是产业转型升级的重要途径。在经济步入新常态，新旧动能接续转换的关键期，积极培育新产业新业态，使之成为新的增长引擎，既是主动顺应变革的时代要求，也是现阶段实现稳增长、调结构“双赢”的有效途径。因此，对新产业新业态的研究具有重要意义。

国家对农业新业态的关注始于2015年。2015年中央农村工作会议提出，要做大做强农业产业，可以形成很多新产业、新业态、新模式，培育新的经济增长点。2016年中央“一号文件”明确提出，必须充分发挥农村的独特优势，深度挖掘农业的多种功能，培育壮大农村的新产业新业态，推动产业融合发展成为农民增收的重要支撑，让农村成为可以大有作为的广阔天地。2017年中央“一号文件”更是将壮大农业新产业新业态作为深入推进农业供给侧结构性改革，培育农业农村发展新动能的一项重大举措。

农业需要转型升级，需要构建更丰富的产业形态。拥有高附加值、高技术含量的农业新业态成为农业核心竞争力的集中体现。农业新业态的“新”，最突出的特征表现为技术的进步、多功能的拓展以及新要素价值的凸显。当前，各地大力发展的农业新业态包括休闲农业、会展农业、创意农业、生物农业、智慧农业、农产品电子商务、农业大数据应用、订单农业、社区支持农业、农村养老服务业、农产

品私人定制、生态农业、工厂化农业等。种类繁多的农业新业态，其中，如休闲农业、农产品电子商务等，已经成为推动我国现代农业发展的新亮点，巨大发展潜力已显端倪，有的则在积极探索之中。2016年全国休闲农业和乡村旅游接待游客近21亿人次，营业收入超过5 700亿元，带动670余万户农民受益，休闲农业已成为促进农民就业增收的重要渠道。2016年全国农产品网络零售交易总额达2 200亿元，比2015年增长46%，农产品电子商务呈现高速发展态势。但也应看到，我国农业新业态虽已现多发态势，但总体上，除少量种类外，都还处于初级阶段，潜力挖掘不够，价值总量不高，对农民就业增收带动不强等，迫切需要进一步培育壮大农业新业态，使其真正成为农业发展的新动能。

一、农业新业态的概念与特征

（一）农业业态概念

近几年，农业业态、农业新业态等提法日渐增多，但国内对农业业态、农业新业态的概念及内涵尚未有一个清晰的界定。本文通过梳理研究相对成熟的零售业态、旅游业态等概念，类比归纳出农业业态概念，农业业态是指农业产业组织为适应市场需求变化，将生产经营所涉及的多元要素进行组合而形成的不同农产品（服务）、农业经营方式和农业经营组织形式所呈现的形态。这里的农业业态涵盖了农产品（服务）形态、农业经营形态和农业组织形态，是一个综合性描述。

对农业业态的理解，应把握以下几个方面。

1. 农业业态类型多样

农业具有多功能性，除具有基本的农产品供给功能外，还具有环境调节、宜居生态、休闲教育等多种功能。由于农业功能的多元性而产生的农产品与服务的多样性，与不同的经营方式、组织方式耦合在一起，催生了类型多样的农业业态。

2. 农业业态层级丰富

例如，休闲农业与乡村旅游是适应城市居民休闲需求而提供休闲度假产品的一种大业态，在这一大业态下又细分出多个提供相同休闲度假服务，但又具有不同特点的小业态，以满足不同的细分市场需求，如房车营地、乡村酒店等。这种大业态下的多个小业态，体现了业态层级的丰富性。

3. 农业业态的地域性和动态性

首先，受不同地区资源禀赋等不同，农业业态在不同地区有着不同的内涵和表现形式，表现出地域差别特征。其次，农业业态会随着需求结构、科技创新、机制改革等相关因素的变化不断拓展其内涵和外延，表现为动态性。农业业态从低级向高级过渡，从简单向复合推进，其发展历程就是农业产业体系不断完善，农业产业结构不断升级的过程。

（二）如何理解“新”

由于业态的动态发展，融入新的思路或转变新的内容，创造出一些不同于传统业态的新型产业形态，即新业态。“新”是一个相对概念，较难有一个标准的区别界定。在消费需求变化多端和市场竞争日益激烈的环境下，农业企业通过产品和服务的不断创新去满足甚至引导消费需求，在这个过程中，农业的产品形态、组织形态、经营形态出现了一定的动态变化，当量变达到质变后，便形成了一个新的农业业态。据此，本文笔者认为，农业新业态指的是相对于现阶段农业主体产业有新突破、新发展，或者超越传统农业发展模式，具有可持续成长性，并能达到一定规模，形成比较稳定发展态势的产业形态。该定义体现3个重点：打破传统，不同以往，即“新”；具备相应的经济规模，即“业”；处于比较稳定的形态，即“态”。

（三）农业新业态的特征

1. 成长性好

按照产业生命周期理论的标准划分，大部分农业新业态处于“萌芽期”或“成长期”，具有较好的发展后劲和市场扩张能力，业态发展速度往往明显快于传统产业。

2. 附加值高

农业新业态形成的主要依赖路径是通过不同行业之间的融合，这使得农业新业态具有高度融合的特征，与其他产业的关联性强，附加值高。

3. 引领性强

农业新业态通过创新的理念、革新的技术，产生了新产品、新技术、新服务，再造了传统产业发展的新优势，产业引领性突出。

4. “三产化”特征突出

传统农业作为一产，主要满足人们的物质需求。新业态通过非物质部门对农业的渗透，促进农业由单一的提供产品向提供服务、由“一产”向“三产”转变。农业的“三产化”特征突出，服务化特征趋强。

二、农业新业态的类型

新业态种类繁多，有必要建立一个基础性的框架，厘清农业新业态的结构层次与类别划分，以利于农业新业态的后续研究。根据农业新业态的产生路径，将现有农业新业态划分为五大类别。

（一）农业新业态的类别划分

1. 农业与服务业融合衍生出服务型农业新业态

服务型农业新业态以满足人们对休闲、度假、教育等多元需求为主，通过拓展农业的生态、休闲、教育、养生等服务功能，推进农业产业链横向拓宽，与商业、旅游业、文化产业等交叉融合而形成的农业新型业态。现阶段服务型农业新业态主要包括休闲农业、会展农业、创意农业、阳台农业等。

休闲农业也称为休闲农业与乡村旅游，作为适应城市居民休闲需求而出现一种新业态，其包含的产品类型多样。如北京市旅游委2016年在全国首次评定了北京休闲农业与乡村旅游十大特色业态产品，包括房车营地、古村聚落、葡萄酒庄、乡村酒店等，这10种特色业态产品在水平及高度上超过了以往的“农家乐”。会展农业作为现代农业的一种高端产业形态，主要包括农业会议、展览、展销、节庆活动等，西瓜节、桃花音乐节、草莓大会等形式多样的节庆活动，精彩纷呈，发展势头强劲。创意农业主要体现在产品创意、服务创意、环境创意和活动创意等4个方面，卓有成效的农业创意异彩纷呈，换得了丰厚的经济效益。例如，位于北京市延庆八达岭镇的发泄农场，服务对象定位于压力较大的白领阶层，通过让其肆意打砸玉米秆达到发泄愤怒和释放压力的目的，这种独具特色的服务创意使得农产品附加值大幅提升。通过将农产业生产与观赏相结合，发展盆栽园艺、立体栽培等，阳台农业在北京等大城市发展较为迅速，在市场上不鲜看到矮化番茄、盆栽草莓等，展示了都市型现代农业新形态，其正逐渐成为市民的一种生活方式。

2. 高科技向农业渗透衍生出创新型农业新业态

技术是推动产业结构升级最活跃、最积极的因素，特别是重大技术在应用过程中往往会催生一系列新的业态。创新型农业新业态集中表现为现代生物技术、信息技术、航天技术等高新技术向农业领域渗透、扩散，进而引起农业生产方式和经营管理方式的变革，技术创新落地产业化形成新产业或新业态。现阶段创新型农业新业态主要包括智慧农业、农产品电子商务、农业大数据应用、生物农业等。

生物农业涵盖生物育种、生物农药、生物肥料、生物饲料、生物疫苗和制剂等。根据相关规划，2015 年我国生物农业年工业产值达到 3 000 亿元，已成为提高我国农业核心竞争力的重要战略性新兴产业。以物联网、移动互联、云计算等信息技术及智能农业装备为核心的智慧农业在农业生产领域开始示范应用和集成推广，推动了现代农业生产的实时监控、精准管理、溯源管理、远程控制和智能决策。2015 年我国农产品网络零售交易额超过 1 500 亿元，比 2013 年增长 2 倍以上，农产品电子商务呈现出快速发展态势。

3. 组织方式变革衍生出社会化农业新业态

伴随着城乡一体化的发展和城乡要素的流动，社会组织方式变革催生了一批社会化农业新业态。现阶段社会化农业新业态主要包括农业众筹、订单农业、社区支持农业、农村养老服务业、农业社会化服务业、农产品私人定制等。

三聚氰胺等食品安全事件助推了农业众筹的发展，目前国内已出现一些农业众筹平台，其发展值得期待。根据课题组对北京等大城市的调研，目前订单农业有几种新的表现形式：一是流通、餐饮类服务型企业向前延伸产业链建立原材料直供基地，例如，顺丰优选联合北京北菜园农产品产销专业合作社等建立订单农业合作模式，向客户定制预售有机蔬菜。二是企业与农产品基地建立订单合作模式，将农产品基地作为公司员工的休闲体验基地和农产品购买基地，为公司员工提供内部福利。农业社会化服务业则是在社会分工细化的背景下，通过引导农户实现“服务外包”，开展农机、农技、动植物疫病统防统治等农业生产性服务的新型服务业态，解决“谁来种地”“如何种地”等问题提供了出路，全国各地探索出现了多种形式的流转生产经营权的土地托管合作社。通过盘活农村闲置房屋资产，吸引城区老人到农村养老，农村养老服务业已成为增加农民财产性收入的新亮点。

4. 基于子产业融合衍生的内部融合型农业新业态

内部融合型农业新业态指种植业、畜牧业、水产业等农业内部的子产业之间或子产业内部细分的产业之间，通过生物链的有机连接，使各子产业发生融合，产生的不同于现有生产方式的农业新型业态。近年来，围绕转变农业发展方式，以绿色、循环、低碳等为特征的生态农业逐渐受到重视。例如，上海市崇明区探索“稻虾鳖蟹共生”稻田立体混养生产模式，在合作社推广1 000亩，每亩收益1.5万元左右，实现了经济效益、社会效益和生态效益的有机统一。

5. 现代技术集成应用衍生出综合型农业新业态

综合型农业新业态指现代生物技术、信息技术、环境控制技术和现代材料等一批新技术、新材料在农业集成创新应用而出现的新型业态。工厂化农业是综合型农业新业态的代表性业态之一。其采用现代工业的生产方式进行农业生产，使得农业生产呈现类工业化属性，摆脱了自然因素的制约，推动了农业高效集约生产。

（二）不同类别农业新业态对比

1. 技术壁垒性

服务型农业新业态和社会化农业新业态相对来说技术壁垒较低，很容易模仿，容易陷入恶性、同质化的低层次竞争；内部融合型农业新业态对绿色生产技术的要求较高，存在一定的技术壁垒性；创新型农业新业态、综合型农业新业态属于高度科技依存型业态，具有技术含量高，技术壁垒性强的特点。

2. 对农业的作用点

服务型农业新业态旨在服务市民需求，通过将农业由单一生产功能向多元服务功能拓展，拓宽农业发展面；创新型农业新业态强调技术创新，旨在新技术渗透，起到对农业产业的技术推动和产业引领作用；社会化农业新业态强调组织方式的创新以及新的要素价值的显现，增强城乡互动，提升农业发展活力；内部融合型农业新业态推动了农业向生态友好型发展方式转变；综合型农业新业态推动传统农业向集约高效型生产方式转变。

3. 业态发展方向

针对当前各类别农业新业态发展现状，服务型农业新业态将更加突出高端化、个性化、特色化需求，未来将朝设计更精细、功能更多元、形态更高端方向发展。创新型农业新业态未来将朝技术创新引领和产业化应用方面发展。社会化农业新业态未来将朝分工细化和专业化、城乡互动更紧密方向发展。内部融合型新业态未来将探索多种模式并存的资源循环利用生产方式。综合型农业新业态将朝大规模化产业化应用方向发展。

三、农业新业态发展产生的作用

1. 改变了社会大众对农业的传统认知，树立了农业公众新形象

通过产业功能拓展和产业形态创新，丰富多彩的农业新业态，提升了农业形象和效益。功能多元、形态高端的农业新业态改变了人们对传统农业背朝天的印象。新业态告诉人们，农业不仅仅是物质生产，满足人们物质需求，更是市民离不开的生活方式，满足人们对休闲、体验、教育、文化传承等多种精神需求。农业不单单是土地、劳动力等传统要素的投入，效益低下的传统农业，更是现代信息技术、现代智能装备等高新技术集成渗透，现代经营管理创新，具有高附加值的高效型农业。各种创新理念推动农业新业态实现了快速增值，使得农业产业得到了由弱到强的发展。农业新业态告诉我们，农业不再是弱产业，而是发展有奔头的幸福产业。

2. 促进了农业转型升级，成为新的经济增长点

以业态发展相对成熟的休闲农业为例，从发展体量看，2015 年上海市休闲农业与乡村旅游总收入 19 亿元，相当于当年农业总产值的 17%；成都市休闲农业与乡村旅游总收入超过 175 亿元，相当于当年农业总产值的 27%；北京市休闲农业与乡村旅游总收入 40 亿元，相当于当年农业总产值的 11%。从发展速度看，以天津市为例，“十二五”期间，天津市休闲农业与乡村旅游连续 5 年保持增幅 25%以上，远高于当期农业 9%的年增速。

3. 成为农民增收的新门路、新空间

农民收入的增加，来自于农民就业机会增加、农产品附加值的提升以及财产性收入的提高等。从各地实践看，对农民增收表现突出的有休闲农业与乡村旅游、农产品电子商务、农村养老服务业等新业态。北京市怀柔区田仙峪村，村委会组织将农民手中的闲置房屋统一流转到北京田仙峪休闲养老农宅专业合作社，以合作社的方式与社会资本开展合作，打造国奥乡居养老社区。目前，该村养老社区第一批已流转闲置房屋 30 处，为拥有这些院子的农民带来近 1 700 万元的收入。

4. 催化了新的消费需求，带动形成居民消费新热点

我国模仿型、排浪式消费阶段基本结束，个性化、多样性消费成主流。农业新业态更好地满足了城乡居民多层次、个性化的消费需求，并不断创造和引领新的消费需求和消费模式，带动形成居民消费新热点。将互联网、云计算等应用于休闲农业而产生的农场托管和农场体验，催化了体验式消费和参与式消费需求的增长并逐渐成为新的消费热点。森林步道、康养公园的出现使得森林康养成为一个新的消费热点。阳台农业的出现使得阳台菜园逐步进入市民家庭，成为一种崭新的家庭消费时尚。

5. 吸引了更多社会力量进入农业农村，成为城市要素流动的新渠道

越来越多的人才、资本、科技等要素进入农业农村领域，从事农

业新业态，增强了新业态发展的要素支撑。根据北京市农委数据，北京市每年有上百亿元社会资本进入农业农村领域，而这些资本有85%投资于农业新型业态中。一批海外留学生回国，城市青年下乡或乡村进城求学然后再回乡的高学历人士，经营工商业的成功者等出于对农业的深厚情怀，参与农业新业态发展。他们根植于农村，创业于农业，也正是这种资金、人才、理念的加入，为新业态注入了新的力量，推动了新业态向更高层次创新发展。阿卡农庄坐落于北京市昌平区，掌门人获得美国管理学博士，回国后曾任戴尔公司高管，并创办了云服务公司。其将 IT 企业的管理思路、创新模式应用于农庄管理，将云服务与农庄结合起来，打造了“云上”的农。在创新发展理念下，阿卡农庄的会员流失率只有 5%，而其他农场的会员流失率高达 70%。

参考文献

陈晓华 . 2015. 推进龙头企业转型升级，促进农村一二三产业融合发展［J］. 农村经营管理，12：6-9.

国家发展改革委宏观院和农经司课题组 . 2016. 推动我国农村一二三产业融合发展问题研究［J］. 经济研究参考，4：3-28.

姜长云 . 2015. 推进农村一二三产业融合发展新题应有新解法［J］. 中国发展观察，2：18-22.

孔祥智，周振 . 2015. 发展第六产业的现实意义及其政策选择［J］. 农业经济研究，1.

李太光 . 2008. 旅游产业转型升级中的业态创新［J］. 中国旅游报，6：25.

马晓河 . 2015. 推进农村一二三产业深度融合发展［N］. 农民日报，2：10.

夏春玉 . 2002. 零售业态变迁理论及其新发展［J］. 当代经济科

学，4：70–78.
杨玲玲，魏小安 . 2009. 旅游业态的“新”意探析［J］. 资源与产业，11：135–138.
张文建 . 2012. 旅游业态创新体系构成要素及动力机制探析［J］. 时代金融，15：210–216.
赵海 . 2015. 论农村一二三产业融合发展，农村经营管理［J］. 7：26–29.
赵芝俊，包月红 . 2013. 农业的多业态发展与我国现代农业建设［J］. 农业技术经济，2：125–129.

（主笔人：陈慈）

报告5　农业科研院所农技推广模式创新

——基于北京市农林科学院农业科技综合服务试验站的实践

农业科技综合服务试验站（简称“农业试验站”）是农业科技推广的重要模式和创新，在推动区域农业发展中发挥着越来越重要的地位和作用。北京市农林科学院大兴农业科技综合服务试验站（简称“长子营试验站”）自2012年8月成立以来，成效显著，围绕大兴区农业产业需求，在科技服务机制、专家驻站模式、技术培训与推广模式方面进行了创新探索，细化了功能定位，明确了核心职责，初步探索建立了试验站管理办法，为推动区域产业升级、促进产学研良性互动发展进行了有益的尝试，并提供良好范例。

一、长子营试验站的建设背景

（一）服务区域农业发展、拓展农业功能的需要

大兴区是北京市蔬菜、西瓜主产地，果树发展也极富特色，其对技术需求有明显的区域特性。根据大兴区“十二五”发展规划，全区“十二五”时期重点建设环境农业、高效农业、特色农业等“三种农业”，实施“一退”（畜禽养殖业逐步退出）、“一稳”（稳定菜篮子生产）、“一增”（增加经济林）、“一促”（促进观光休闲农业发展）的“四个一”措施，发展“五大产业”（蔬菜、西瓜、果品、

甘薯、花卉）。长子营镇是大兴区蔬菜生产及展示示范区，该镇依托当地资源优势，以果蔬生产为主导产业，培育设施蔬菜、特种养殖业等等多种产业，通过与科研院所合作，建设留民营有机农业示范区、北蒲州现代农业集成示范园、民安路绿化及万亩观光果园、台风肉鸽养殖基地等系列基地，形成了有机蔬菜、宫廷黄鸡等品牌，占有了一定的市场份额。然而，其农业产业现状与现代农业发展目标仍有较大差距，如农业的自然资源和产业资源优势发挥不好，缺乏整合；农业产业的质量和规模提升慢，市场化程度低；农业产业结构不合理，一产规模大，二产弱，以发挥本地区位资源优势为主导的观光、体验型农业很微弱；缺少特色品牌、产品，农产品市场化程度低等，这些问题亟须在技术、管理等各个方面对当地农业产业进行支撑和引导。通过建立试验站，加强合作，有助于更好地推动区域农业的系统发展，拓展并提升农业的科技展示、休闲观光等功能，增加农业附加值，推动农业环境向生态友好方向发展。

（二）对接区镇农业科技服务队伍、促进服务机制创新的需要

现阶段，农技推广服务体系呈现出 2 个显著变化：一是服务主体的变化。中国农业逐渐从小农经济向市场经济、从家庭联产承包向规模经济转变。就农业经营主体来说，除了分散的家庭主体，还涌现出种粮大户、农民合作组织、农业龙头企业和涉农高新技术企业等其他主体。这些经营主体具有服务的双重性，既是服务的对象，也可能是服务的主体。二是服务内容的变化。现在的农业科技服务不仅是对农业生产和经营的服务，更重要的是对农业产业的服务，包括企业孵化、科技金融、职业培训等高端服务。服务主体和内容发生变化，服务方式和模式也必然顺势而变。大兴区的区、镇农技推广站是农业技术推广的主力军，而北京市农林科学院拥有种养殖业、生态循环及观光农业等方面技术积累和专家团队，以往工作中，双方虽有一定接

触，但未形成高效的合作机制，各自在其所属领域埋头开展技术示范或科研工作。通过区域农业科技综合服务试验站的建设，将汇集北京市农林科学院最新适用科技成果，通过长子营镇共建培训平台，探索新型共同工作机制，对接区镇农业科技人员和村级全科农技员、科技示范户，以河津营、东北台泰丰肉鸽养殖基地等为核心，试验示范并推广系列新品种、新技术，促进当地主导产业的发展。

（三）整合资源、提升北京市农林科学院综合服务能力的需要

大兴区长子营镇是京南农业大镇，种养殖业发达，各方面基础设施较为完备，北京市农林科学院在该镇已有一定工作基础，院内专家依据各自专业特点服务在该镇各个基地，但存在“事多、人散、面广、重点不突出”等问题。在京郊面临都市型现代农业快速发展的新形势下，如何深入贯彻落实中央一号文件、北京市相关文件精神，北京市农林科学院还需要高起点谋划科技服务工作，加快成果转化与应用，需要从不同层面为当地农业发展提供科技保障，而要发挥最佳效益，则应以区域为平台，根据需求导向，创新机制，最大限度地整合相关力量。通过本服务试验站的建设，将进行有益的机制探索，抓住该区域主导农业产业，抓住核心科技需求，促进全院资源整合，建立专业服务团队，对接村级全科农技员，负责带动区域内农技推广服务，转化应用新品种、新产品、新技术。

二、长子营试验站的建设模式

2012 年，北京市农林科学院与长子营镇政府合作共建长子营试验站。通过长子营试验站建设，北京市农林科学院现已基本形成“政府推动下、以农业科研院所为依托、以地方主导产业开发和市场需求为导向、以首席专家领衔的多学科专家团队实施产业对接、以基

层农技力量为骨干、以试验站为载体的农业科技推广新模式”（图 5-1、图 5-2）。

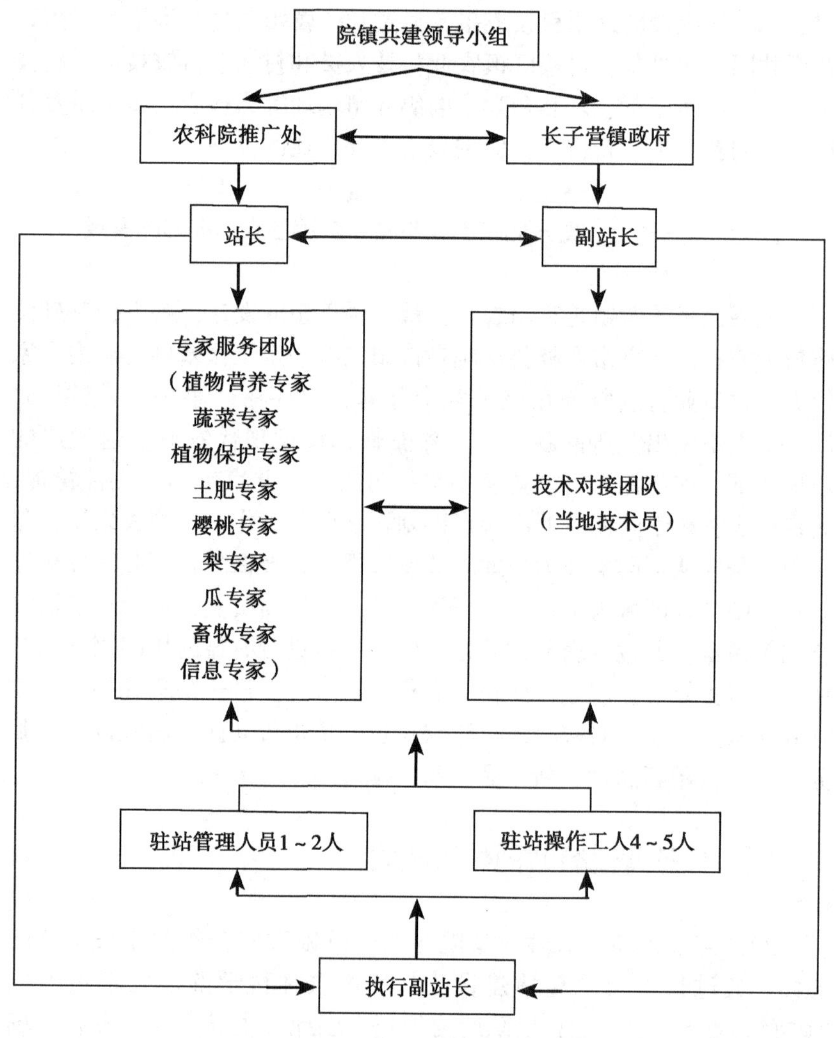

图 5-1　长子营试验站组织架构

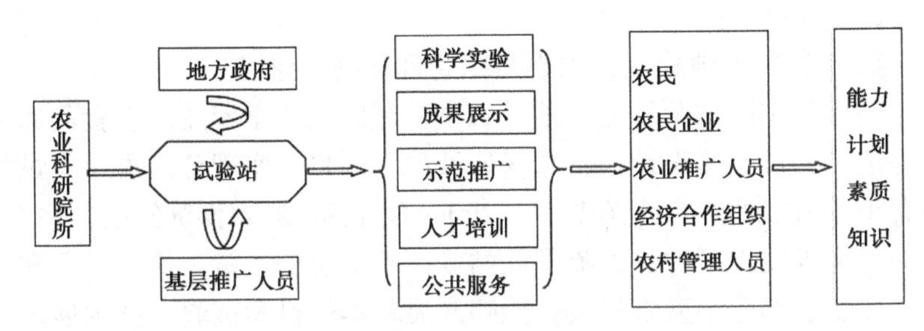

图 5-2　长子营试验站科技推广服务模式

（一）工作思路

1. 功能定位

（1）科学试验功能。试验站结合区域产业发展需求及亟须解决的技术问题，布局科学试验，开展科技创新，建立技术储备，让试验研究、技术示范始终领先于产业发展，成为发展现代农业产业的技术源头。

（2）成果展示功能。试验站开展各类新品种、新技术、新装备的展示示范，形成北京市农林科学院成果对外可看、可感、可学的重要展示示范窗口。

（3）示范推广功能。建立一系列科技成果试验示范和推广辐射基地，引导种植大户、合作社、企业等农业新型生产经营主体应用和转化，推动区域性农业产业发展。

（4）人才培训功能。试验站通过多种途径，开展对基层农技推广人员、全科农技员和农业生产经营者的系统培训，提升基层农技推广人员科学素质，培养职业新型农民。

（5）公共服务功能。开展农田环境监测检测、农产品质量安全检测、农业信息服务等其他公共服务，形成区域性农业科技公共服务综合平台。

2. 主要做法

（1）稳定基地建设，加强组织管理和制度建设。

建立稳定的试验示范基地：长子营试验站位于罗庄航空食品原材料基地，通过整体设计，筛选科研及展示项目，实现分区展示。试验站有16栋试验展示日光温室、200m^2实验室及专家办公室、宿舍、培训教室等硬件条件，保障了驻站专家和学生的正常工作、学习和生活。配备了部分小型农机具，能够开展基本的科学试验、技术展示示范、检测化验等，推动品种、技术、成果的转化应用。

确定试验站管理机构：成立领导小组，由北京市农林科学院主管院长和长子营镇主管镇长共同组成，统筹、决策、协调和监督实验站的运行管理。成立试验站管理办公室，设站长1名，由北京市农林科学院人员担任，负责制定试验站年度工作计划和目标，并监督实施，组织专家服务队伍开展科技推广服务，协调解决试验站日常运行中的各项问题。设副站长2名，由院镇双方人员共同组成，配合站长工作，并负责具体实施。试验站管理办公室向领导小组汇报工作，并接受考核。试验站运营经营由日常管理维护经费和项目经费组成，前者由市、区、镇财政经费支持，并纳入财政管理，后者由专家申请，依据项目要求管理。试验站可在政策允许范围内吸收社会化资金，开展有偿服务。

组建多学科专家团队：北京市农林科学院围绕大兴区农业产业需求及长子营“航食小镇”建设需求，组建了一支由首席专家领衔（试验站站长），汇聚蔬菜、林果、畜牧、植物营养、植保、生物、草业、农业信息、食品安全等相关学科共23名专家的工作服务团队，其中，固定驻站专家14人、负责开展各自专业领域的试验展示与技术培训工作，流动驻站专家9人、负责开展技术指导与培训工作，与地方农技力量共同组成了服务地方产发展的农业科技队伍。

加强相关制度机制建设：建立站长负责制，明确站长、副站长职责及工作要求。开展项目带动机制，鼓励各级专家以实验站为平台申请科研项目，形成的科研成果优先推广。实施青年培养机制，鼓励青年人员驻站开展各项工作，在实践中发现解决问题，并为青年科技人员安排适当的合作导师、专家，以传帮带形式，促进其成长成才。建立专家农户一对一制度，每位专家至少对接1个基层农业生产单元，全面指导或参与生产管理全过程。建立定期培训指导制度，定期面向当地新型农业经营主体进行技术咨询与培训服务。实施多方联动推广服务，全面对接乡镇科技推广人员、村级全科农技员、农业科技示范户等，构建“试验站专家—技术人员（全科农技员）—生产经营主体”三级信息传导模式，利用“涓流效应”建立多方联动的推广服务体系。建立考核评估制度。

（2）实地调研解需求，实现技术供需有效对接。

开展实地调研，了解当地需求：北京市农林科学院组建了专家团队和工作团队，对长子营镇进行全面实地走访，了解长子营的实际情况和迫切需求。大兴区长子营镇位于北京市东南，农业生产条件好，全镇耕地44 639亩，其中，蔬菜占地14 302亩，果树占地7 703亩，已成当地主导产业，建设形成了一些有特色的种养殖基地。此外，当地区位优势日益突出，将进一步带动该区域农业产业快速发展，第一是亦庄工业园区落户长子营北部；第二是新机场建设毗邻该镇，对于果蔬产品形成了新的市场需求空间，发展与壮大以鲜切蔬菜生产与加工为核心的新产业迫在眉睫。虽然长子营镇农业产业已有一定规模，但发展中仍面临一些问题：一是资源没有整合做强，未形成休闲观光特色；二是果树栽培用工量大、劳动效率低、比较效益差，影响农业产业的长远发展；三是全镇果、菜产量虽高达13万t，但因为技术含量低，商品价值较低，影响农民收入；四是劳动力结构表现出“劳动力女性化”和“劳动力老龄化”的双重特点，再加上“种植的机械化水平不高，用工投入较大”“生产设施条件落后，不适宜机械化进行操作”，成为制约产业发展的因素。从全镇精品农业发展着眼，在以下几个方面存在迫切的需求：其一是北部蔬菜产业带，需要引进蔬菜新品种、育苗新技术、简化栽培技术、高效生产试验示范等；其二是果树基地，需要开展果树树形优化、以有机肥为核心的养分优化管理等技术引进；其三是泰丰乳鸽基地，亟须提升集约化养殖水平，发展全价饲料喂养技术、强化并完善肉鸽疾病防控诊断免疫程序等；其四是各类基地都需要进一步加强品牌培育、信息服务工作。

针对实际需求，有效开展对接服务工作：进行蔬菜轻简化育苗技术的研发与示范推广、蔬菜病虫害全程防控技术与试验示范、蔬菜废弃物好氧堆肥处理技术的研究、规模肉鸽全价颗粒饲料饲喂效果实验等。开展了优良蔬菜品种筛选与引进，进行生菜种类、品种评价、展示与示范，分别筛选出适合北京炎热夏季和秋季种植的产量好、品质好、抗病指数高品种。试验站通过建立3类推广辐射基地——瓜菜基地、果树基地和肉鸽养殖基地，进行蔬菜高效栽培、西瓜栽培、生菜与番茄育苗、樱桃与梨的高效栽培管理、肉鸽养殖与饲料优化防疫等技术的推广应用，引导种植大户、合作社、企业等农业新型生产经营主体应用和转化，推动区域性农业产业发展。为推进技术培训和科技对接工作，利用长子营镇河津营和东北台2个培训基地实施培训工作，前者重点实施蔬菜栽培、肉鸽养殖及相关内容的培训，后者重点实施果树栽培及相关内容的培训。试验站开展农田环境监测检测、农产品质量安全检测、农业信息服务及其他公共服务，形成区域性农业科技公共服务综合平台。定期动态监测河道污水、池塘水面污水治理与水体。按月完成水体质量动态监测、分析与评估，提出镇域河道污染及村级池塘水体污染的治理方案，并推进“生态小镇”建设。

（二）取得成效

1. 对当地产业的促进

（1）采取“试验站+航食+新型经营主体”模式，引进新品种。针对航空食品对蔬菜原材料的需求，围绕优质、生态、高效、高附加值、省力等目标，积极开展适合长子营镇生产和加工的国内外优新航食蔬菜品种资源引进与筛选工作，引进冰菜、薄荷、罗勒等新奇特的叶菜品种20余个。围绕航空配餐、航空食品加工，引进了北京市裕农优质农产品种植公司投资建设航食加工展示示范园；引进天天果园电子商务有限公司，以长子营镇农产品为重点，加快与航食企业对接，打造航食原材料品牌。目前，长子营镇冬枣已经成为天天果园的线上产品。围绕当地蔬菜产业发展需求，为当地提供果蔬新品种6个，筛选出适合北京炎热夏季种植的耐抽薹品种铁人和芬妮，以及适合北京秋季的高产品种猎虎101、Atx102、达能901等；进行了芹菜种类、品种评价、展示与示范，筛选出适合当地日光温室密植种植、产量好、品质好品种08017和08024，筛选出露地种植、产量好、品质好、抗病指数高品种TC08024、TC08042、TC37011等。示范推广叶菜育苗基质产品2个，研发农用资材2种，建立生菜、番茄相关技术规范。

（2）采取“试验站+基地+新型农业经营主体”模式，推广新技术。开展果树、西甜瓜、养殖高效管理技术示范与推广。通过服务试验站牵线搭桥，联合院及区镇各有关单位果树、西甜瓜、养殖等方面专家，依托大兴区典型果蔬、西甜瓜、养殖基地，在调研技术现状及需求的基础上，因势利导，筛选、引入适用技术和装备。进行樱桃树、梨树等省力化栽培技术的研究与示范，对樱桃成龄树树形改造、梨园密植圆柱形树形整形修剪进行技术指导，简化修剪技术。建立樱桃、梨、肉鸽等相关技术规范。进行了规模肉鸽饲养技术试验示范，包括引进敞开式自动落料食槽、自走式自动饲喂机、阶梯式饲养笼具、自动清粪设备、全价饲料及其配方原料组合、肉鸽疾病防控试验示范等。开展蔬菜质量安全控制技术推广应用。试验站专家团队大力推广省力化栽培技术，建设叶菜生菜专用连栋育苗棚室，设计并研发移动式苗床，试验示范基质育苗、水肥一体化管理、土壤耕作做畦机械化、土壤快速培肥、蔬菜废弃物高效处理与循环再利用等内容，集成组装轻简高效栽培技术体系，引入自动播种机等。推广温室东西向排跨种植技术。在现代化连栋育苗温室中推广温室东西向排跨种植技术，屋脊走向为南北向，为当地叶类蔬菜的育苗及生产提供了优化的生产棚型，不仅最大限度地利用了土地面积，而且还十分适于棚内的机械化操作，为大马力机械进行翻耕、机械化移栽等设备地进入提供条件。全大兴区共建立 7 个核心示范基地面积达到 6 900 亩（肉鸽年出栏量 100 万羽），通过基地向周边辐射面积 1. 6 万亩，2 年累计示范推广面积 3. 2 万亩（肉鸽年出栏量 186 万羽）。据测算，以生菜为主的叶类蔬菜及果类蔬菜平均节本增收 1 450~1 600 元/目，以梨、樱桃为主的果蔬平均节本增收 970~1 160 元/亩，西瓜平均节本增收 1 950 元/亩，肉鸽平均节本增收 0. 52 元/羽。项目执行期间在大兴地区的累计增效达到 5 560 万元，极大地推动了当地产业的发展。

（3）采取“试验站+航食+基地”模式，强化农产品安全生产。开发“五大”生产监管系统。开发了农资监管 POS 系统、生产基地移动管理系统、农产品质量追溯系统、移动监管执法系统、移动安全信息采集系统以及农产品质量安全监管服务平台“五合一”的系统平台，实现温度、湿度、光照、图片等资料的原位连续采集，园区管理可视化、智能化、信息化，实现农产品生产源头控制及全程跟踪追溯，提高了航空食品原料安全生产管理能力。制定“航食”原料生产标准。研究制定“长子营镇主要农产品质量抽样检测方案”，保障长子营镇主要农产品生产安全；研究制定“航空食品原料采购、贮藏、加工、运输安全技术规程”“航空食品原料合格供应商评价准则”“长子营镇主要农产品质量抽样检测方案”，保障供应商产品安全。实施“航食”鲜切加工技术指导示范。结合航空食品加工车间建设要求，对加工车间的设计、鲜切生产线的规划、鲜切关键技术等方面提供技术指导，确保果蔬鲜切加工生产线建设符合现代化航食加工要求。

(4) 采取“试验站+远程培训+农户”模式，加强农业信息化与品牌建设技术示范。建设远程教育培训站点。在河津营村与东北台村建立 2 个远程教育培训点，实现当科技服务站的在线直播与点播培训。在试验站终端计算机上安装专家远程双向视频咨询诊断系统，实现当地农技员、农民与市级专家的在线远程科技咨询。利用农业科技电话语音咨询服务平台，实现农业科技电话语音咨询与网络在线答疑服务。注入农业数字信息资源库，丰富当地科技服务站的科技资源，实现资源本地化服务。安装远程教育系统，向农民播出农业科技远程培训技术课件。研发“U 农蔬菜通”“U 农果树通”技术产品，助力果蔬新品种引进、果蔬生产管理、病虫害防治与信息技术的普及应用。开展宣传和培训指导相结合，促进农产品销售和品牌提升。组织了农产品市场营销的远程直播培训。根据当地产业发展需求，聘请市场营销的专家进行农产品品牌提升的指导。利用网络等技术手段为当地进行农产品市场营销的宣传。据统计，截至目前，共组织技术培训会、观摩会 94 次，对接村级全科农技员 40 人，直接培训各类农民 3 700 余人，通过现场指导、电话、网络等形式培训农民 1 500 余人，总计培训农户超过 8 000 人，传播农业实用技术 20 余项。发放 U 农蔬菜通、果树通技术产品近 400 套，解决果蔬剪枝、树形整理、病虫害防治以及蔬菜栽培管理、土肥应用等技术问题 30 多个，直接受益人群达到近万人，间接带动 3 万人以上，为当地蔬菜、果树生产减少损失、农业节本增收可达数十万元。

2. 对科研院所推广工作的推动

(1) 推动科研成果转化。试验站建设促进了科技创新和项目申报。由于试验站建设直接面向生产和产业发展，增强了科研选题的针对性，促进了项目申报，实现科研项目“来源于生产，应用到生产”，多项技术在服务当地特色产业发展中实现突破，如轻简化、南北向种植技术等，都是解决当地产业发展“瓶颈”的突破性技术，获得了当地政府的高度重视。2015 年，试验站服务团队荣获 2014 年度北京市农林科学院“科技惠农行动计划优秀团队奖”。

（2）提高科研人员能力。在试验站科技推广模式下，专家的科技推广思维方式发生转变，将科技推广当成自己的事情，由“被动做”转变为“主动做”，专家与基层技术人员、农户的直接互动增多。通过青年培训机制鼓励青年人员驻站开展各项工作，促进青年人员不断提高发现问题、分析问题和解决问题的能力，接受新事物和应对各种突发问题的能力得到增强，青年科研人员的科研能力与创新能力得到大幅提高。

（3）扩大资源集成示范效应。以试验站为辐射源，围绕长子营镇速生叶菜、精品梨、樱桃、肉鸽等产业科技需求，开展蔬菜、林果、畜牧、植物营养、植保、生物、草业、农业信息、食品安全等研究与集成示范工作。先后建立叶类蔬菜高效生产、标准化精品梨园、古梨园复壮栽培、优质果蔬安全生产、果园轻简化栽培、西瓜简约化栽培、规模肉鸽养殖技术服务等 7 个示范基地，建立生菜、番茄、樱桃、梨、肉鸽等相关技术规范 5 项，有效地促进了农民增收和农业增效。

（三）创新之处

1. 科技推广管理方式创新

开展“农业科研院所+实验站+政府”管理模式。围绕地方主导产业发展实施院镇合作共建试验站，北京市农林科学院、长子营镇政府的相关领导，都处于试验站的领导层，参与试验站的管理。一方面，北京市农林科学院将试验站的事情当成自己的事情，而不是像其他示范基地一样，仅作为介入当地产业发展的第三方；另一方面，对于长子营镇政府来讲，通过共同管理试验站推动科技推广，参与了地方产业发展，提高了参与积极性。开展“试验站+驻站专家”管理模式，专家分为固定驻站专家和流动驻站专家，且分工不同，围绕并解决制约区域产业发展关键技术，建立专家农户一对一制度，鼓励青年人员驻站开展各项工作，为培养锻炼人才提供极好的平台。

2. 科技推广服务方式创新

以试验站为平台，建立“专家+政府公益农技推广人员（+农业新型经营主体）+农户”技术传播渠道，依托大兴区农技员管理制度，即政府当地技术员联系至少20个示范户或村的制度，示范给农技员学会之后，通过“涓流效应”带动周边人应用，发挥科技二传手的作用。周边上年纪的农民是种菜的老把式，接受程度弱，思维转变周期长，对于专家的短期培训，可能一时无法快速接受，通过试验站推广模式，他可以随时去基地看、学，经过1~2年潜移默化的影响，理解和应用新技术也就水到渠成。通过这种技术传播渠道，一方面实现了科技成果源头与公益体系的有效对接；另一方面充分发挥了新型经营主体的示范带动作用。

三、推动农科院农业科技综合服务试验站建设的几点思考

长子营试验站工作创新了北京市农林科学院农业科技推广模式，取得了阶段性的成效，针对农科院工作实际，提出一些个人思考。

（一）探索院地共管新模式，建立地方政府稳定、系统支持政策

由于行政领导职务变化、地方政府工作重点变化等原因，导致试验站建设缺乏稳定、系统的支持。与当地政府结合程度如何关系着试

验站建设的成败，只有在当地政府稳定支持下建立的试验站才有固定性与长期性，否则，会严重制约科研示范工作的开展。要探索农业科研院所和当地政府“合作双赢”的共建模式，建立地方政府对试验站稳定、系统的支持方案，并形成政策、制度。地方政府要不断扭转观念，提高认识，扩大对试验站的资金支持力度，在推广经费的投资方面根据县区农户的技术采纳程度和产业产值比例，适当调配对“试验站”的推广经费支持。另外，对于各类下拨的农业推广科研项目资金，地方政府应适当划拨一定的比例资金用于“试验站”的技术创新与推广费用。

（二）围绕区域产业科技发展，掌握试验站建设话语权

作为农业科技创新和推广的主力军，农业科研院所可以围绕生产需求，不断调整科研方向，加快构建出体现国家产业政策、符合区域功能规划的地方农业产业，只有掌握区域产业科技发展的“话语权”，才能加速农业科技成果转化，从而带动区域劳动生产率、土地产出率和资源利用率的提高。在试验站建设用地上，或买或租，探索建立以签订合同方式从法律上确认，要有稳定地点、具有自主产权的试验站，使驻站专家“撸起袖子加油干”，无后顾之忧，不会因为担心试验结果而“不敢干、放弃干”。

（三）加强市场为导向，提高农民科技素质和科学生产水平

提高农民素质，打造新型职业农民是发展现代农业的根本举措。试验站要以市场为导向，以降低农户生产成本、提高农户收入为目标，加强科技创新与推广。如果一种技术创新，能克服农户对市场的后顾之忧，增强其信心，充分挖掘其发展潜力，那么这种创新技术的传播就会非常迅速。基于地方政府的支持，以新型经营主体为技术载

体，通过试验示范，充分提高农户的科技素质。要注意农民个体之间的信息传递模式，让农户之间相互学习，即达到“以表证来教习，从实干来学习”。技术创新过程中要树立农民典型，培养一批当地的“田秀才”“土专家”，发挥领头雁、科技“代言人”的作用，通过“现身说法”带动农民提高生产技术。

（四）拓宽经费来源和渠道，增强试验站生命力

“试验站”资金支持有限，对社会各类资金吸引能力不足。应积极探索有偿服务，拓宽试验站经费的来源和渠道，鼓励农业科研院所利用自有技术进行市场开发，通过创收增加对试验站的科研投入，支持工商企业和社会对农业科技的合作和投资，以弥补试验站经费不足，从而促进试验站的良性运转，增强试验站生命力。

参考文献

高启杰 . 2005. 美国的农业试验站体系 [J]. 世界农业(11)：36-38+54.

郭占锋. 2012. “试验站”：西部地区农业技术推广模式探索——基于西北农林科技大学的实践 [J]. 农村经济（06）：101-104.

孙武学 . 2013. 围绕区域主导产业建立试验站　探索现代农业科技推广新路径 [J]. 农业经济问题，34（04）：4-9.

赵方杰 . 2012. 洛桑试验站的长期定位试验：简介及体会 [J]. 南京农业大学学报，35（05）：147-153.

（主笔人：陈香玉）

第二篇　实践篇

报告6　首都农业科技对口支援现状、需求及对策

对口支援是落实“精准扶贫”战略，实现全面建设小康社会的一项重要措施。科技支援作为经济援助的重要手段，有助于帮助受援地区解决产业发展的关键技术问题，增强社会经济发展的内生动力，进而推动受援地区由偏重“输血”向注重“造血”转变。自1994年开始，北京市陆续开展了援藏、援青、援巴、京蒙对口帮扶、南水北调对口协作等一系列对口支援工作，在疏解首都非核心功能的同时，充分发挥首都农业科技的辐射带动作用，为受援地区农牧业发展提供了强有力的支撑。在首都农业科技帮扶下，近年来，受援地区农牧业得到了长足发展。尽管如此，由于受援地区区位及自然条件限制，经济发展与生态保护矛盾突出，农牧业生产水平仍较低。扶贫攻坚面临的新形势下，北京市对口支援工作需要不断总结经验和创新工作方式，破解产业发展困境，提升首都科技服务的支撑和辐射带动能力。在对玉树、拉萨、乌兰察布、赤峰、巴东、十堰、南阳等受援地区进行调研基础上，本文总结了首都科技对口支援工作取得的成效，分析了受援地区产业发展的需求，进而提出了完善首都对口支援工作的对策建议。

一、首都农业科技对口支援现状

（一）对口支援工作情况

北京市坚持“以政府为主导，龙头企业带动，社会力量多方参与”的对口支援工作机制，从顶层设计、管理机制建设、项目立项等方面开展了一系列对口支援工作。

1. 规划先行，援助工作有序实施

北京市为全面科学部署对口支援工作，编制了《北京“十二五”时期对口支援和区域合作规划》，以此规划为基础，根据各地区的发展差异以及北京市与对口支援和区域合作的省、市、自治区签订的有关协议，分别制定了针对各受援地区的对口支援规划或实施方案等，提出对口支援工作的总体思路、原则和目标，明确援助的方向和任务，安排援助项目和资金。通过规划先行，加强顶层设计，制定不同的援助方案，指导北京市对口支援工作，促进各地区对口支援工作有序进行。

“十二五”期间，北京市为协助边疆、民族地区的发展重点对接拉萨市的对口支援工作，为帮助玉树藏族自治州（以下简称“玉树州”）灾后重建在援青工作中加大对玉树州的对口支援力度，为推进三峡工程、南水北调工程等重大工程项目建设，对湖北省巴东县、十堰市、河南省南阳市开展对口支援，并以对口帮扶赤峰、乌兰察布2市为重点推进京蒙区域合作等。受援面积40.69万km^2，受援人口约1 378.69万人（表6-1）。加大援助资金投入力度，建立了8%的年度资金增长机制。“十二五”期间对7个调研的受援地区累计投入援助资金48.6亿元，其中，农业项目投资约占总投资的25%。

表 6-1　北京市对口支援各地区概况

支援地区	支援时间	支援范围	支援面积（万 km^2）	支援人口（万人）	支援方式
拉萨市	1994 年	城关区、柳梧新区、堆龙德庆区、当雄县、和尼木县，“三区两县”	2.36	12.08	对口支援
玉树州	2010 年	玉树、称多、囊谦、杂多、治多、曲麻莱 6 县	20.3	37.34	对口支援
巴东县	1993 年	巴东县	0.32	49.27	对口帮扶
南阳市	2014 年	淅川县、西峡县、内乡县	0.87	177	对口协作
十堰市	2014 年	9 个县（市区）及神农架林区	2.39	356	对口协作
赤峰市	2010 年（重点帮扶）	3 区 7 旗 2 县	9	460	区域合作
乌兰察布	2010 年（重点帮扶）	11 个旗县市区和 1 个经开区	5.45	287	区域合作

2. 科学管理，工作机制逐渐完善

北京市对口支援工作实行科学管理，工作体制机制逐渐完善。整合全市对口支援和区域合作的领导机构，成立了以市委书记为组长、市长为常务副组长的市对口支援和经济合作工作领导小组，下设领导小组办公室和新疆维吾尔自治区的和田、西藏自治区的拉萨、青海玉树 3 个前方指挥部，并在领导小组办公室下设立了京蒙区域合作工作协调小组、北京市对口支援三峡库区巴东县工作协调小组、北京市南水北调对口协作工作协调小组。同时，各受援地区分别成立专门部门承接对口支援工作。形成北京市党委政府坚强领导，组织部和对口支援办统筹协调，指挥部强力推动，各方全力支持配合的对口支援工作格局。

探索建立结对帮扶机制，由北京市各区县与受援地区各区县建立结对帮扶合作关系，配备干部人才队伍，建立桥梁纽带，引进北京市区县帮扶资金和物资；针对受援地区管理干部人才缺乏问题，建立干部挂职、互换机制，加强人才交流；健全各受援地区援助资金管理办法，明确了资金使用方向，提高资金使用效益；在资金管理上，采用“交支票”与“交钥匙”并存，确保项目进度和工程质量。各项工作机制的完善，为做好北京市对口支援工作提供了坚实的制度保障（图6-1）。

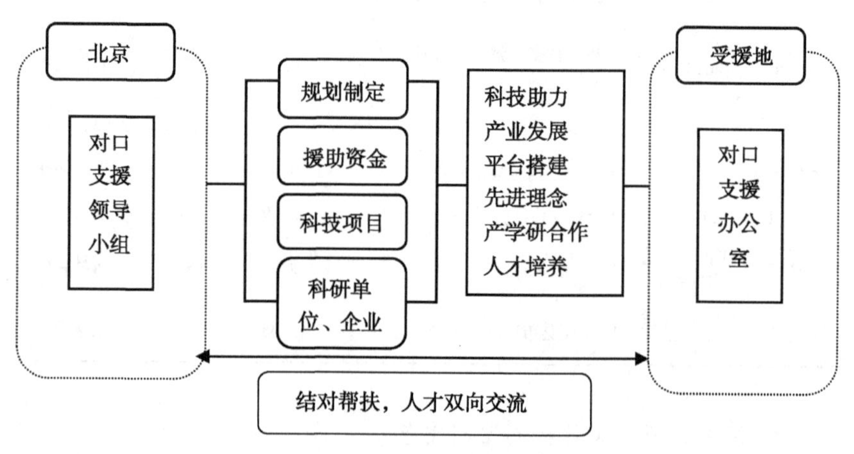

图6-1　北京市对口支援工作机制

3. 多方参与，立项强调因地制宜

北京市优化了支援项目管理结构，采取“受援方需求导向，支援方实地对接”的方式，避免了项目设置单向化，而造成支援双方沟通不畅，影响支援效果的问题，促进各方共同参与的对口支援项目立项机制建立。项目立项由受援方农业生产者根据自身的生产条件、生产意愿进行选择，地方政府则遵循地方特色、农业生产条件和农业生产着意愿，进行引导，推进地方特色产业的建设，根据实际需要“自下而上”提出项目，再由支援方派专家实地考察、论证项目可行性，实现支援项目精准对接。在项目谋划、管理、引进、创新等方面与受援方交流和探讨，在援助中寻求合作契机，在合作中实现优势互补（图6-2）。

如针对巴东山地布衣生态农业有限公司提出的油鸡养殖项目，北

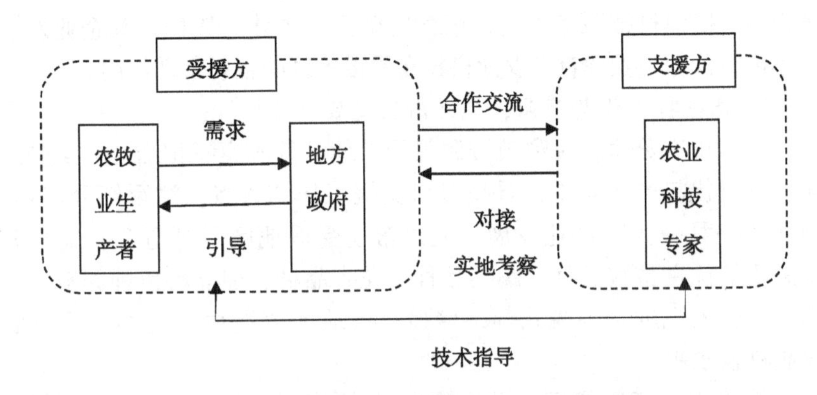

图 6-2　多方参与的对口支援立项机制

京油鸡研究中心即开展了实地考察，认为该公司符合北京市油鸡养殖条件，确定由北京市提供种鸡，在当地开展油鸡养殖基地示范；南阳是核桃之乡，北京市根据南阳核桃种植户的需求，邀请北京市农林科学院的专家赴当地考察，确定了在当地发展文玩核桃特色养殖基地项目，并由农科院专家精准对接，开展技术指导，带动农民增收。建立各方共同参与的立项机制，有利于农业生产的多样性，地域匹配性，特色鲜明性。

（二）对口支援工作成效

结合受援地区的资源禀赋和科技发展需求，北京市充分发挥首都市场优势、农业科技优势、企业优势，围绕创新和服务两大要素，促进区域间科技要素流动。“十二五”期间向内蒙古自治区（以下简称内蒙古）转移高新技术成果 200 多项。输出到西藏自治区（以下简称西藏）的技术合同 585 项，成交额达 11.5 亿元。采取科技培训、技术指导、新品种及新技术引进、园区及示范基地建设、展会推介、科技咨询服务等多种农业科技援助形式，通过扶持特色优势产业、促进产学研合作、搭建科技服务平台、培育新型经营主体、依托龙头企业发展产业化经营等，发挥首都农业科技在受援地区的辐射带动作用。

1. 扶持特色优势产业，提升内生发展动力

北京市充分将首都科技资源与受援地区资源禀赋相结合，从受援地区特色优势产业着手，寻找对口支援工作切入点。注重细分市场，助推“一县一业”产业发展。通过帮助受援地区引进适合当地种养殖需要的优良畜牧品种、蔬菜品种、花卉品种、建立特色种养殖示范基地、引入先进管理模式等，增强受援地区“造血”能力，提升农牧业科技水平。

如“十二五”期间，北京市针对拉萨高原特色设施园艺及藏香鸡养殖等优势特色产业，建成羊达乡现代设施农业园、藏鸡原种保护与繁育基地，并推广“农超对接、农校对接、蔬菜直通车”等销售模式；在“薯都”乌兰察布合作建设冷凉蔬菜、马铃薯“双百万”基地；在赤峰宁城县发展设施农业、阿鲁科尔沁旗的小米等种植项目；为扶持巴东县富硒茶叶发展，北京市投入 1 500 万元建设茶叶基地，并建设了魔芋良种繁育基地、生猪良种基地，保护当地良种资源得到合理利用；投资 5 000 万元建设南阳市淅川县生态农业示范区，发展了 1 万亩金银花生产基地，带动 13 个村 4 640 户（1.81 万人）就业；在十堰建成核桃基地、中药材、食用菌基地等（表 6-2）。

表 6-2　对口支援地区特色产业一览表

地区	特色产业
拉萨	净土健康产业，包括天然饮用水、奶业、藏香猪（生猪）养殖、藏香鸡养殖、食用菌种植、藏药材种植、经济林木与特色花卉、高原特色设施园艺和斑头雁养殖
玉树	高原特色种养殖业，芫根、蔬菜、马铃薯、中藏药材、牦牛、藏羊
赤峰	蛋鸡、生猪、肉羊肉牛、饲草
乌兰察布	马铃薯、冷凉蔬菜、生猪、肉牛肉羊、杂粮杂豆和奶牛

（续表）

地区	特色产业
十堰	生态农业，包括有机茶、有机食用菌、有机山野菜、有机葡萄酒、有机鱼等
巴东	富硒产业，包括富硒茶叶、柑橘、蔬菜、魔芋、药材、畜禽产品
南阳	中州粮仓，蔬菜、食用菌、花卉苗木、核桃、猕猴桃、茶叶

2. 推进产学研对接，带动支援主体多元化

在政府作为对口支援主导力量的基础上，北京市借助对口支援平台，以项目为纽带，带动在京高校、科研院所、农业龙头企业及其他社会力量，围绕农牧业新技术、新品种、新设施推广、关键技术研发、农业科技咨询等方面，积极参与对口支援和合作交流。

（1）搭桥在京科研院所与受援地区合作交流，提供农业科技援助，促成产学研合作。如引进北京市农林科学院与拉萨尼木县合作，为该县编制“有机农业发展规划”；在拉萨促成了中国工程院首个院士工作站，该站将为有条件的企业组织技术团队联合攻关，尤其在林业生态和林源—资源高效加工利用等开展实质性项目合作和关键技术联合攻关。

（2）牵头科技型农业龙头企业，带动受援地区研发试验。如向拉萨引进北京德青源农业科技股份有限公司，建设藏鸡保种与繁育示范基地、藏鸡研究院以及屠宰场与加工中心，以加速推进拉萨藏鸡原种保护与养殖产业化发展；在玉树促成北京密丝蒂咔餐饮管理有限公司与囊谦县合作，并成功研发了黑青稞啤酒，双方将开展更深入的黑青稞啤酒产业合作；在巴东成功牵头北京御食园食品股份有限公司，建立10万亩红薯生产基地，同步开展红薯储藏试验，带动了巴东农产品加工企业的生产。

3. 搭建科技服务平台，促进区域合作共赢

搭建科技信息共享服务平台，实现农业科技创新与推广应用的相互促进和有效对接，发展“飞地经济”，是提高受援地区农业科技服

务能力的重要环节。北京市发挥科技、人才、市场优势，为受援地区搭建信息服务平台，举办交流展会，促进区域合作共赢。

（1）搭建信息平台，整合科技服务资源。借助“京蒙对口帮扶合作平台”，京蒙两地构建了“在京研发销售、在内蒙古生产加工”的区域科技合作模式。签署了“科技合作框架协议”，建立了乌兰察布、赤峰2个技术转移工作站，实现技术转移和项目对接活动常态化。平台向受援地区提供新品种、种养技术、绿色投入品、深加工和产品销售全程服务，形成了“科技成果入蒙、农畜产品进京”的互动双赢合作机制。并以赤峰市农牧科学研究院为主体，打造了一个单个体量最大的市级层面的平台项目“品质赤峰”。通过平台搭建与品牌建设，提升受援地区优质农产品的影响力。

（2）举办展会，加强合作交流。北京还充分发挥首都大市场优势，为受援地区搭建展示、交易、交流、推广平台，实现“促交流”与“谋合作”并举。成功借助“青洽会”“玉树国际虫草节”等平台，推动了北京同仁堂集团有限公司与玉树州政府在虫草收购加工方面签订合作协议；在北京新发地国际农产品批发中心设立“拉萨净土健康产品展示厅”，吸引首都知名企业到拉萨投资100多个项目，投资300多亿元；支持拉萨建立西藏首家以拉萨净土为品牌的“拉萨净土健康产业体验馆”，月销售额达200余万元；在北京市成立“品质赤峰推广中心”，促成永和大王、汉拿山、全聚德等15家北京市知名餐饮企业与“品质赤峰”平台企业达成产销合作等。

4. 实施智力援助工程，培养科技实用人才

北京市立足加速受援地区农业科技进步，把开展智力援助作为重要援助内容。通过“请过来”和“走过去”2种方式，加强农村实用科技人才培养，积极引导优势科技力量深入受援地区一线开展服务，不断拓展培养领域和途径，建立受援地区农业科技人才培养长效投入机制，协助受援地区形成一支总量足、素质高、结构合理、留得住、用得上的农村实用科技人才队伍。

（1）“请过来”“走过去”开展技术培训。联合首都的科研单位、管理部门举办农业专业技术人员知识更新培训、高中级专业技术人员和区县级科技管理人员培训班等，培训对象包括受援地区农业管理部门负责人、种养大户、农民专业合作组织负责人。通过培训，提高受援地区农民的科技意识和科学素养及农业工作者管理水平。此外，还结合当地产业发展的需求，与地方政府共同举办产业技术培训班、信息化建设培训等。同时，联络首都农业科技专家深入到巴东、南阳、十堰等受援地区的田间地头，开展“1对1”的指导服务，为农民进行技术上的现场观摩指导，培训更具针对性，农民也易于接受。

（2）建立受援地区农业科技人才培养长效投入机制。北京市高度重视智力援助工作，把受援地区专业技术人才培养纳入各地区援助项目中。每年在援助资金中安排专项经费，实施“智力援助”工程，如在玉树投资300万元用于农牧民素质提升工程；在拉萨每年安排400万元专项培训经费，包含专业技术人才培训、干部培训、教育培训等，在一定程度上缓解了高层次人才紧缺矛盾，促进了受援地区与支援地区的交流与互通。

5. 发展产业化经营，探索全产业链式援助新模式

北京市在对受援地区产业援助过程中，不仅仅是将产品或项目推介出去，还与受援方开展深入的经济技术合作，协助受援地区构建完善的产业链条。注重培育企业等市场主体的作用，通过政府牵头，与受援地区实际需求结合，开展北京市企业与受援地区的“1对1”对接工作。从农业科技、经营管理、市场销售等方面提供全产业链式的科技援助，发展“种养+产供销+农工商”一体化经营模式，延长受援地区农业产业链条，推进农业产业化经营。构建“龙头企业+合作社+基地+农户”的产业化援助模式，形成“高端研发、品牌服务和营销管理在京，生产加工在外”的发展格局。在保护农户的收益基础上，充分发挥龙头企业统一计划、供种、技术、收购、加工、销

售、质量、品牌等方面的引领作用，组建合作社或分户生产管理，加快培养一批懂技术、会经营的职业农民队伍，提高受援地区的农牧业组织化程度，实现由一家一户“各自为战”的小生产到“抱团”对接大市场的转变（图 6–3）。具体做法有如下。

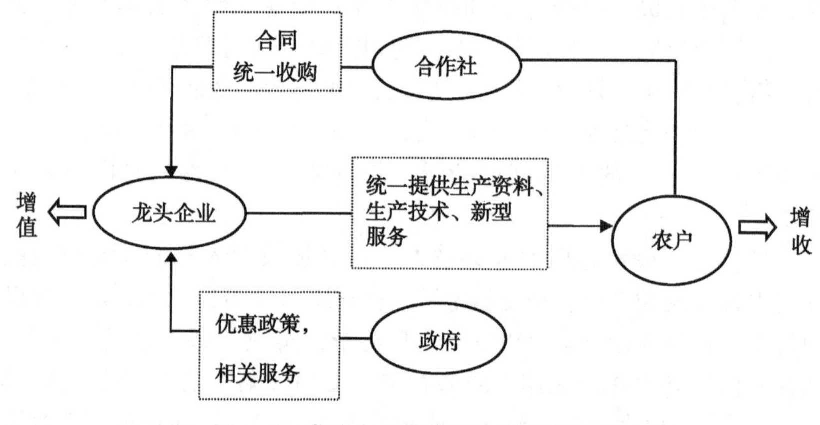

图 6–3　龙头企业带动产业化经营模式

（1）鼓励龙头企业到受援地区成立分公司。直接在受援地区应用龙头企业的先进管理模式，对种、养、加实行全一体化经营，有针对性地吸收受援地区农牧民以技术、资金、土地等要素，在任何一个环节灵活加入参与分成。

如引进北农大集团，在赤峰敖汉旗设立分公司，并投资 5 000 万元建设“节粮蛋鸡内蒙古蛋鸡产业园”，为当地养殖场提供从鸡苗、饲料、单品、金融到化验室检测的全产业链支撑，截至 2015 年年底，累计推广节粮蛋鸡约 281 万羽，通过为养殖户免费开展饲养技术培训，并派驻技术老师定期到鸡场进行技术指导，直接带动当地 280 多户养殖户均增收 75 000 元。

（2）鼓励龙头企业直接与受援地区有一定规模的合作社、养殖场合作。通过龙头企业产业链条、生产标准，带动受援地区发展订单种养、保护价收购，带动当地农户生产技术提高，促进农产品销售。

如引进北京天安农业发展有限公司，与乌兰察布察右中旗和察右后旗的多家土豆和胡萝卜种植合作社签署合作协议，将这些合作社变成天安农业在内蒙古自治区的生产基地，并在这些基地推广应用蔬菜生产管理系统、质量安全追溯管理系统、储藏保鲜技术和冷链流通技术。收获的产品在天安农业进行加工包装，销售到北京市的各大商超；新发地批发市场将乌兰察布察右后旗、中旗确定为土豆专供基地，与当地农民专业合作社签订了长期采购合同；北京伟嘉集团与赤峰萨力巴乡吉盛昌家庭牧场、敖汉旗惠隆杂粮种植农民专业合作社合作，开展“京蒙蛋鸡产业链精准扶贫”，通过建设规模化蛋鸡场、开展禽蛋深加工、引进养禽设备企业、农业院校、饲料、疫苗和动保企业等，促进当地农业结构调整，保障蛋类食品安全。

（3）扶持当地企业，延长产业链条。对于有发展潜力的当地农业企业，通过与北京市龙头企业合作或运用“互联网+”手段，整合科技资源，延长其产业链条等方式，扶持受援地区农业龙头企业，带动当地特色产业发展。

①“龙头企业+当地农业企业”：如在巴东引进北京御食园食品有限公司，与当地的土家人及野之源公司达成农产品深加工合作，并将两家公司旗下的杂粮饼、三峡饼系列产品，经统一标准生产、包装设计后，在该公司旗下的专柜、专卖店销售，带动当地就业400余人，当地2家企业年创产值4 000万元。

②为受援地区搭建电商平台：如集成北京的科研院所、电商平台等农业创新资源，扶持内蒙古丰业生态发展有限责任公司发展蛋鸡产业，实施“京蒙合作乌兰察布蛋鸡养殖科技扶贫”项目，引进“农大三号”节粮型蛋鸡和北京油鸡良种共2万只，聘请专家教授亲临现场进行指导培训，所产鸡蛋通过“蛋e网”、京东商城等电商平台销往北京及全国市场，直接示范带动140户贫困户各养殖蛋鸡200只，户均收入达8 000元，建立“当地企业+特色产业+电商平台”；

在翁牛特旗灯笼河子牧场组织实施“草原有我一只羊”电商精准扶贫项目，示范带动240户农户增收脱贫。

二、受援地区农牧业发展的科技需求

（一）地方特色产业提质增效的技术需求

地方特色产业是受援地区农民增收的一个重要途径。目前，各地区围绕地区产业发展，在产中的种植管理环节已形成较为完善的技术规程，但农业生产的前端和后端是较为薄弱环节。针对以上情况，需要重点围绕地方特色产业的产前品种改良、产后保鲜、贮藏及深加工等，开展科技支撑和服务，增强产业发展动力和促进产业提质增效。开展地方特色种质资源保护和利用、农业新品种、新技术引进与示范、农产品保鲜贮藏及精深加工技术、优质饲草料种植和加工技术的示范与推广。

（二）资源环境及生态保护科技需求

受援地区多为传统农区、山区或水源保护区，生态环境脆弱，生态环保与产业发展的矛盾比较突出。在生态第一的前提下，需要首都农业科技在水环境保护技术、农业生态环境治理与监测技术、草原生态修复及保护技术等方面加大对受援地区生态保护与监测方面的支持，促进将地方资源环境优势转变为商品优势，提升产业效益。

（三）地方科技创新能力提升的技术需求

当地的涉农科研院所、公益性农业技术推广服务机构是推动受援地区农业科技创新和发展的核心力量，尤其是地方涉农科研院所，作为首都科研院所对接当地的一个重要桥梁和纽带，需要更加关注。在首都农业科技支持下，促进地方科研院所研发能力、科技推广服务能力提升及经营管理、专业人才的培养，加强对接当地科研院所自主创新能力，是实现由“输血”向“造血”转化的一个重要途径。

（四）新型经营主体提升技术水平需求

对口支援地区农村劳动力的科技素质普遍不高，应用先进生产技术的意识弱，且农村地区空心化、劳动力老龄化问题日趋明显，“谁来种地养畜”“能否种好地养好畜”的问题日益突出。需要依靠首都农业科技支持提升产业科技示范园区示范水平及产业化龙头企业发展带动能力，帮助地方培养和壮大新型农业经营主体，使其成为掌握、运用、示范和推广科技的重要力量。

（五）农业发展信息和咨询服务需求

受行政区划、地理交通等环境因素限制，首都与受援地区沟通还不是十分畅通。需要通过信息化手段、咨询服务手段，向受援地区提供农业信息技术、科技情报、发展政策及规划咨询服务等，以搭建首都农业科技与受援地区沟通的便捷通道。

三、完善首都农业科技对口支援政策的建议

认真贯彻党的“十八大”及全国东西部扶贫开发工作会议精神，全面落实中央和北京市委、市政府关于对口支援西藏自治区、新疆维吾尔自治区（以下简称新疆）、内蒙古自治区、南水北调水源地等一系列新指示、新要求，坚持高点定位、突出重点、统筹推进，以促进

农牧民增收致富为根本目标，围绕打造品牌、培育亮点、再造优势，推动首都科技对口支援协作工作开创新局面、再上新台阶。

（一）完善顶层设计，促进科技资源有效对接

根据中央要求和援建规划，按照年度计划与对口支援总体规划相衔接、与受援地区实际需求相协调的原则，发挥首都科技和特色资源优势，重点围绕“抓地方特色主导产业、抓地方科研院所、抓高端人才培训交流”3个方面，推动“对口支援”向“有效合作”转变，培育地方产业自我发展的内生动力。完善首都与受援地区农业科技合作机制，在科技援助规划、农业科技资源配置、农业科技合作、政策制定和重大农业科技项目布局上统筹协调，深化合作细则，提高援助工作效能。继续发挥对口支援资金和项目“撬动”作用，以提升当地承接科技受众群体接受能力为目标，积极探索多元化的科技援助方式。针对受援地区优势特色产业开展技术创新和关键技术、关键工艺、关键设备的研究开发和应用，加强与首都协同创新服务联盟的合作，开展联合攻关，在受援地区有条件的现代农业科技园区建立技术合作示范基地，开展新技术、新品种试验示范；探索科技人才培养、科技创新政策管理研讨、研究项目资助、科研用品、设备捐赠等援助形式；支持北京市高新技术成果和专利技术优先向受援地区转化落地，促进北京市科技资源与当地科技需求有效对接。

（二）力推产业合作，实现互利双赢

提升农业创新及科技示范展示能力。设立专项科技合作计划，根据受援地区产业薄弱的现状，重点支持受援地区的农业高新科技示范园、本地龙头企业、科研中试和示范基地、技术研究中心、畜禽良种场等建设，提供包括技术咨询、技术培训、信息接入服务等不同形式

的农业科技援助，提高园区和企业承载产业转移和发展的能力，打造成带动地方产业发展的科研高地；推动首都农业企业向受援地区拓展业务。做好桥梁纽带和服务保障工作，协调有关北京市和部门及早进行经贸合作项目对接，受援地在工商注册、税收、高新技术企业认定等方面给予优惠，实现“北京有政策，落地有条件”，争取达成一批新的合作项目；以开拓首都特色农畜产品市场作为切入点，建立受援地区产品进京绿色通道。完善受援地区特色农畜产品北京市场准入和进京快速通道；搭建对口支援地区特色农产品电商平台。以销售对口支援地区特色农产品为重点，对接北京市场需求，向对口支援地区提供新品种、种养技术、绿色投入品、深加工、产品销售的全程服务，并建立产品追溯体系、生产质量标准体系等，打造知名品牌。重点打造“微笑曲线”两端，形成“科技成果入援助地区、特色优质产品进京”的合作机制，实现互利双赢。

（三）加强科技协同创新，发挥首都科技辐射带动作用

加大重大科研项目合作。根据产业发展和科技需求，探索两地农科院创新协作，合作共建一批高水平的重点实验室、工程技术研究中心等研发平台；鼓励北京市科研院所，在受援地区建立科研试验示范基地；推进受援地区企业与北京市涉农科研院所、高校跨区域共建研发机构，组建适合两地发展需要的产学研联合体，联合建设工程（重点）实验室、工程（技术）研究中心、农业环境科学试验站、院士工作站、博士后科研工作站等创新平台，共同承担建设国家级研发平台。共同申报实施国家科技重大专项、国家重点研究计划等国家项目，形成一批具有国内外领先水平的科技成果；针对地方特色种质资源的收集整理、保护保存、鉴定评价，加强联合选育研究，建立特色种质资源共享平台；加快新技术、新成果、新产品的示范应用，在现代农业建设、特色资源开发、生态环境保护、农业休闲旅游等领域，

共同实施一批重大科技示范工程；针对受援地区特色产业发展的关键技术，联合开展技术攻关；鼓励北京市农业科研院所和受援地区农科院结成对子，互派农业技术方面的相关专家定期相互学习和进行技术交流。

（四）促进科技人才交流，全面提升科技素质

继续完善北京与受援地区的科技干部、高端人才、农牧业专业技术人才等交流培训机制，逐步形成多层次、宽领域的科技人才交流培训体系。根据受援地区的需求，有计划地安排北京市和受援地区之间的科技干部双向挂职交流。形成科技干部人才“进得来、用得上、留得住”的政策环境；将两地的科技人员互派列入对口支援挂职队伍中。探索科技特派员异地创业式扶贫，鼓励高校、科研院所的青年科技人才到对口支援地区开展创新创业工作；推动高端人才交流合作。通过援助计划、产学研项目合作等人才交流与合作形式，加快建立两地人才工程建设的联动互促，在受援地区设立人才工作站，开展高层次人才交流合作；完善多层次、多领域的人才培养机制。在总结经验的基础上，通过“请过来”“走过去”，采取集中办班，现场指导等方式，全面落实县、乡、村三级农牧业专业人才培训计划，为当地培养一批专业素质高、能带动广大群众脱贫致富的基层专业技术人才队伍。

（五）优化项目管理机制，加大援助成效宣传

进一步加强对口支援资金管理。考虑在对口支援资金中设立农牧业专项资金，保证专款专用；加大向贫困地区涉农涉牧项目的投入力度，设立资金增长幅度；加强对口支援项目实施管理。完善与受援地的联席会议制度和双方权责共担、联合推动的项目管理机制。提高项

目征集过程中的“透明度”，避免项目重复建设和产业同质化发展。优选重点项目，突出特色产业发展真正需求，制定相应的项目选择机制，充分尊重受援地党委、政府的主体地位，调动和发挥当地干部群众在援建过程中的积极性、主动性、创造性，提高当地群众的参与度；完善援助工作考评价机制。加强项目监督检查、稽查审计及考核奖惩。强化监督，建立项目监督检查制度，吸引社会中介力量参与，检查项目实施效果；同时，充分利用各种新闻媒体，宣传北京市对口支援协作工作的成效。提高全社会对这项工作重要性和必要性的认识，引导全社会共同关心、支持和参与对口支援协作工作，大力营造良好的社会氛围。

参考文献

宫留记 . 2016. 政府主导下市场化扶贫机制的构建与创新模式研究：基于精准扶贫视角 [J]. 中国软科学（5）：154-162.

刘冬梅，石践 . 2015. 对我国农村科技扶贫组织形式转变的思考 [J]. 中国科技论坛，(1)：115-119.

翁伯琦，黄颖，王义祥，等 . 2015. 以科技兴农推动精准扶贫战略实施的对策思考 [J]. 中国人口、资源与环境，25（11）：166-169.

肖志刚 . 2010. 湖南贫困地区的农业科技扶贫模式与政策建议 [J]. 农业现代化研究，31（9）：584-587.

赵华，夏建军，赵东伟，等 . 2014. 我国贫困地区科技扶贫开发模式研究：以冀西北坝上地区为例 [J]. 农业经济（3）：87-88.

赵晓峰，邢成举 . 2014. 农民合作社与精准扶贫协同发展机制构建：理论逻辑与实践路径 [J]. 农业经济问题（4）：23-29.

甄若宏，邵明灿，周建涛，等 . 2013. 农业科研单位科技扶贫模式研究［J］. 江苏农业科学，3（11）：65-69.
周晓丽，马晓东. 2012. 协作治理模式：从“对口支援”到“协作发展”［J］. 贵州农业科学（9）：67-79.

（主笔人：陈玛琳　陈俊红）

报告 7　京冀蔬菜均衡供应分析及对策建议

菜篮子工程建设一直是北京市农业的重要发展方向，但受自身发展影响，北京市蔬菜自给率偏低，而城乡居民对菜篮子产品的需求则日益提高，因此，加强菜篮子区域间合作的需求已日益迫切。在京津冀一体化背景下，2015 年京津冀签署《推进现代农业协同发展框架协议》，强调三地将突出大城市农业功能定位，在多个领域开展合作交流，共同开发农业生产、生活、生态等功能。在京津冀区域内，北京市与河北省在蔬菜产业方面的联系尤为紧密：一方面，河北省是北京市蔬菜的主供地，北京市批发市场中近 40%的蔬菜来自河北省；另一方面，北京市是河北省蔬菜的主销地。在此背景下，开展京冀蔬菜生产分布及流通调研，摸清河北省蔬菜生产和供京的基本情况，无论对于引导河北省蔬菜科学生产和上市，促进蔬菜产业快速发展，还是对于加强供需对接，平抑北京蔬菜价格波动，都具有重要意义。

一、研究方法及数据来源

（一）区域选择

为研究京冀蔬菜均衡供应问题，本研究开展了对河北省蔬菜主产区的调研。调研区域选择遵循区位优先兼顾蔬菜生产的原则，要求地理区位上毗邻北京，运输距离小于或接近一小时外（简称“环京一小时物流圈”），且是河北省蔬菜主产区域及主要供京区域。最终选取河北省8个市20个蔬菜主产大县（市、区），包括承德市的滦平县、丰宁县、隆化县；张家口市的崇礼县、张北县、康保县、沽源县；廊坊市的三河市、广阳区、永清县、安次区、固安县、霸州市；保定市的定兴县、涿州市、定州市；唐山市的乐亭县；沧州市的青县；衡水市的饶阳县；邯郸市的永年县。

该区域是大白菜、番茄、黄瓜等重点蔬菜的主产县（市、区），总面积1.9万km^2，平均进京车程约1.5小时，其中，有4县（市、区）与北京市接壤，是京津冀农业协同发展的“桥头堡”，是带动河北省农业转型升级和保障北京市“菜篮子”优质产品供应的重要力量。

（二）研究方法

本研究以蔬菜主产县为单元，并在每个调研的20个蔬菜生产大县（市、区）中分别选取10个生产主体，包括大户、合作社、蔬菜生产企业等，进行流通模式及供京情况的调研。调查主要针对三类对象进行，一是河北省蔬菜主产县（市、区）的蔬菜产业主管部门或农业信息主管部门，了解本县主栽蔬菜品种整体生产情况；二是河北省代表性的蔬菜生产主体，如种植大户、家庭农场、合作社、生产基地、农业企业等，主要了解蔬菜上市及流向情况；三是在京大型蔬菜批发市场，如新发地批发市场等，掌握河北省进京蔬菜的销售与需求情况，进而从总体上把握进京蔬菜供需现状。

本次调查共涉及河北蔬菜生产大县20个，生产主体200个，包括大户54户、合作社93家和企业43家。共发放并回收调研问卷220份，其中，有效问卷210份。

二、京冀蔬菜供求均衡分析

（一）供求数量对比

根据2015年北京市居民蔬菜消费调查，目前北京市每年蔬菜需求总量约1 062. 2万t。然而受级差地租的影响，北京市蔬菜生产的综合成本较高，据北京市农研中心经管站测算，每生产100kg蔬菜的成本，北京市是河北省的282. 4%，导致农民种菜积极性不高。由图7-1可知，近10年来，北京市蔬菜种植面积一直呈下降趋势，已由2006年的7. 1万hm^2降至2015年的5. 4万hm^2。总产量也由2006的341. 2万t，下降到2015年的205. 1万t，已连续10年呈递减趋势。根据自产蔬菜的年产量和常住人口数量计算人均可分配蔬菜数量，北京市只有95. 3 kg，自给率仅约20%，供需缺口大。

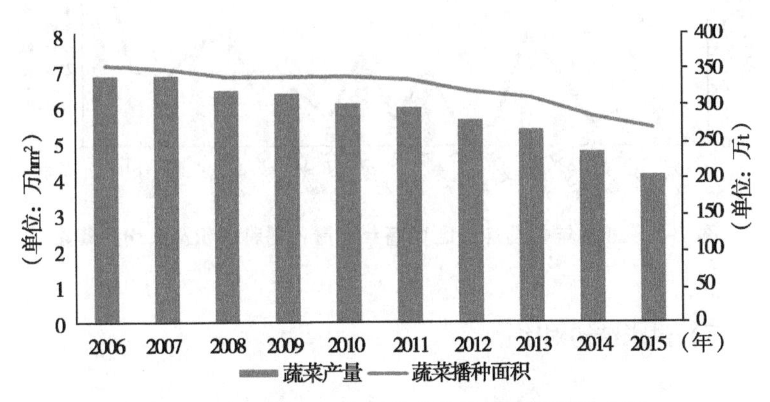

图7-1 2006—2015年北京市蔬菜播种面积及产量

相对而言与北京市毗邻的20个河北省蔬菜生产大县（市区），2015年蔬菜播种面积41. 8万hm^2，占全省播种面积的34%，是北京市的 7 倍，产量 2 676. 9 万 t，更是北京市的 13 倍，而人口仅为北京市的 40%；人均蔬菜量达 3 138 kg，是北京市的 32 倍。按照调研，河北省蔬菜产量 49%进京，年供应量将达到 1 311 万 t，足够供应北京市蔬菜需求。

就各县具体情况而言，2015 年蔬菜播种面积 3. 3 万 hm^2 以上的县（市、区）4 个，设施蔬菜超过 1. 3 万 hm^2 的有 6 个，永年县蔬菜产量最高，达 478 万 t，特别是对与北京市相邻的固安县、丰宁县、涿州市、广阳区、三河市来说，2015 年蔬菜产量分别达到 199. 6 万 t、92. 8 万 t、77. 5 万 t、35. 2 万 t、35. 7 万 t，总和 440. 8 万 t，接近 2015 年北京市自产蔬菜总产量的 2 倍。人均蔬菜量方面分别达到 4 990kg、2 379kg、1 201kg、860kg 及 1 568kg，自给率充足，完全可达到供应北京市的需要（图 7-2）。

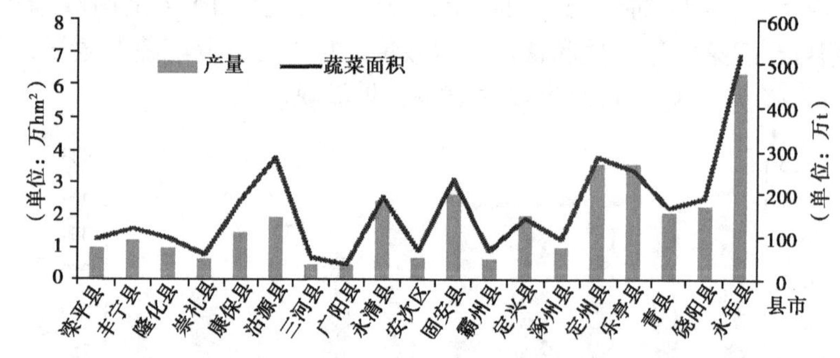

图 7-2　2015 年各县（市区）蔬菜产量、播种面积及人均蔬菜量

（二）供求结构对比

1. 居民消费品种结构

根据调查，北京市居民主要蔬菜品种消费需求基本稳定。北京市日常消费的蔬菜品种 40 多种，其中，叶菜类、储存类蔬菜需求较大，

分别占总量的28.0%和19.6%。黄瓜、番茄、土豆、圆白菜、茄子、芹菜、架豆角、韭菜、菠菜、柿子椒、油菜、西葫芦、葱、大白菜、白菜花、冬瓜等16个品种属于常年消费品种，占到日常消费量的65.7%。

从河北省的调研数据看，调研区果菜类、叶菜类、储存类菜占比分别为48%、31%及21%，番茄、黄瓜、豆角、茄子、大白菜、圆白菜、花椰菜、土豆、胡萝卜、白萝卜为主栽品种，其中，8种为北京市的常年消费品种，其他常年消费品种河北省也均有种植，产销结构基本相符。而根据下表所示，北京市消费前10名的品种的批发量作为北京的需求量，与物流圈各县（市、区）的产量相比（图7-3），各品种均能满足北京的消费需求，大白菜、番茄、黄瓜等品种的供给量更是远超过需求量，在满足北京市消费的同时，也可销往其他地区。

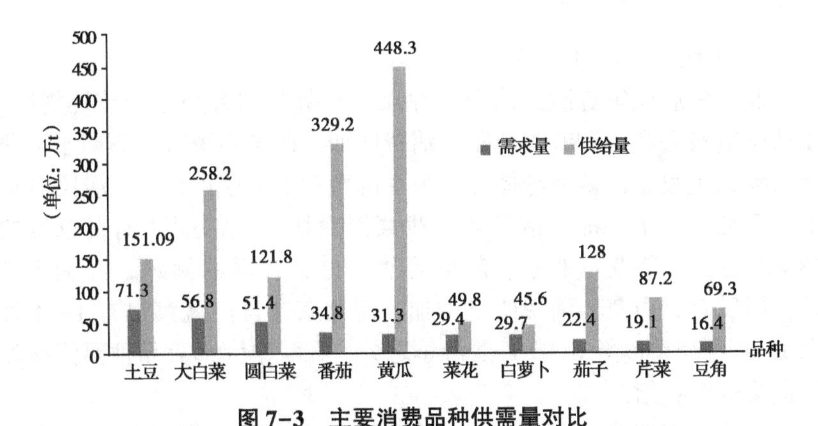

图7-3　主要消费品种供需量对比

北京市消费的主要品种中土豆、圆白菜、花椰菜的自给率均不到20%，尤其是市场消费最大的品种是土豆，自产仅占1.4%，而在20个河北省蔬菜生产大县（市、区）的生产中，土豆是储存类蔬菜中播种面积最大的，圆白菜、花椰菜播种面积也位居前列，正好与北京市的需求相对接。

蔬菜主要消费品种的自产与需求情况对比

消费排名	蔬菜品种	批发量（万 t）	自产量（万 t）	自产占比（%）
1	土豆	71.3	1	1.4
2	大白菜	56.8	27.9	49
3	圆白菜	51.4	7.2	14
4	番茄	34.8	32.6	94
5	黄瓜	31.3	21.9	70
6	花椰菜	29.4	6.6	23
7	白萝卜	29.7	10.9	37
8	茄子	22.4	12.4	56
9	芹菜	19.1	16.4	86
10	豆角	16.4	5.3	32

资料来源：北京市农业局

2. 居民消费品种的季节性

北京市居民家庭蔬菜消费品种及自产蔬菜均有一定季节性规律。夏秋季节对果类菜和叶类蔬菜的消费增加，而冬春季节则倾向于消费大白菜、土豆、白萝卜等储存类为主的蔬菜。5 月和 8 月，居民对黄瓜、番茄、茄子、柿子椒等 4 种蔬菜消费量占全部蔬菜消费总量的 28%左右，对芹菜、韭菜、菠菜的消费也有较强的偏好。11 月和 1 月，居民对大白菜的消费明显增加。而北京市自产蔬菜也有 1—4 月和 12 月冬淡季以及 8—9 月夏淡季之分，在淡季大部分品种要依靠外地蔬菜输入补给。

与北京市消费及自产蔬菜的季节性相比，河北省 20 个蔬菜生产大县已实现四季均可生产蔬菜，其中，番茄、黄瓜等茄果类已大部实现设施种植，可周年生产。而物流圈内的张家口、承德是全国四大错季冷凉蔬菜主产地之一。由于气候冷凉、无霜期短，尤其是坝上地区，7—8 月最高温度 25℃左右，蔬菜可以安全越夏，从而上市时间较晚，能够与国内大多数蔬菜产区错季互补。由于上市时间的交错，可根据市场需求和蔬菜品种的生育期选择播期，一般在 4 月、5 月、6 月育苗或直播，坝下地区从 6 月开始上市，坝上地区从 7 月中旬开始，一直持续到 9 月底，集中上市期 3 个多月。正好能弥补北京市蔬菜夏淡季供不应求的情况，期间大白菜 90%来源于河北省，成为保证北京市蔬菜周年供应、价格稳定的重要菜源。

（三）供求质量对比

随着消费层次的升级，北京市居民对农产品消费的安全意识、营养意识、价格意识也在增强。蔬菜的质量安全性是居民购买蔬菜时关注的首要问题，蔬菜产品新鲜、品相好、营养价值高和有权威机构相关认证也是重要的因素，而餐饮行业对净菜则有较大需求。此外，消费者品牌意识较强，对有机蔬菜需求较大。60%多的消费者购买过有机农产品或超市中的安全优质农产品。大多消费者认为有机农产品比普通农产品更营养、更健康，种植环境好，是天然无添加的产品（图 7-4）。

与北京市消费需求相比，河北省近年来也不断加大无公害蔬菜生产力度，基本覆盖了河北省主要蔬菜种类。近年蔬菜质量抽检合格率都在 99%以上。2014 年“三品一标”认证产品超过 4 300 个，位居全国前列。但产品缺乏营销意识，品牌知名度较低，发展的有机蔬菜较少，且加工较少，难以满足北京市的净菜需求。

（四）供求渠道对比

供需渠道是产品产业链的起始点和中间连接节点，决定着整个市场物流效率，是影响市场供需比的重要因素。据调查，北京市普通家庭购买农产品的主要场所是早晚市和农贸市场，中高端消费者主要在

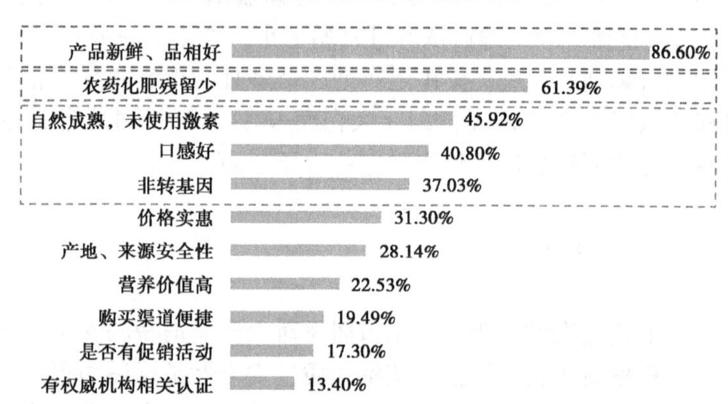

图 7-4　北京消费者购买蔬菜看重因素

大型超市和大卖场。居民意愿网购蔬菜的比例达 70%（高于全国 50%）。相比之下，现阶段，河北省的蔬菜流通 80%以上仍以商贩或批发市场等传统的流通模式为主，即蔬菜从农民的田间地头到市民的菜篮子里，至少要经过产地采购、运输、批发、零售等几个过程，中间还夹杂着大大小小的蔬菜经销商，流通环节很多，具体如图 7-5 所示。

据本次调研，新发地等批发市场，借助自身强大的集散功能将大部分进京蔬菜送往不同的销售终端，形成了较为稳定的蔬菜销售渠道。河北省蔬菜 60%的流量是通过直接与北京市批发市场进行交易，或间接通过商贩经批发市场进入北京市市场。而河北省内的许多大型批发市场也都处于蔬菜物流供应链的重要环节，如保定市的工农路蔬菜果品批发市场、三丰果品批发市场、定州产品流通网络的节点，联

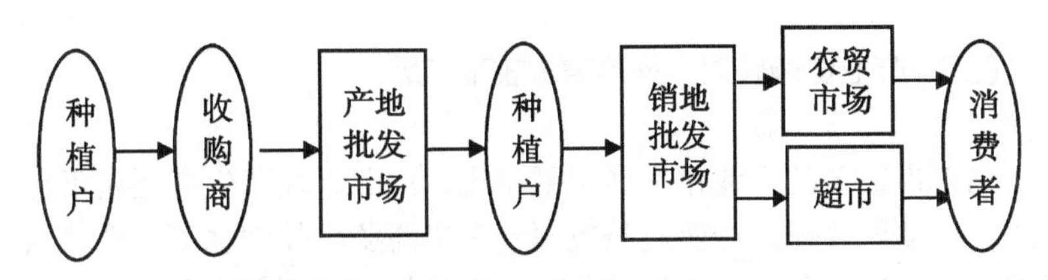

图 7-5　河北供京蔬菜传统流通模式示意

结着农产品起始的生产和终端的消费。可以说，批发市场已经成为蔬菜等农产品流通和交易的中心，成为河北省进京蔬菜的主要流通销售平台。

三、影响供求均衡的主要问题

（一）整体协作意识不强，合作机制有待完善

由于京、冀长期处于独立的行政区域，各自相对独立发展，跨区域合作发展意识不强，在蔬菜产业发展方面，各自在政策制定和规划过程中均从自己的利益出发，把其他区域及其利益仅作为影响本区域利益的因素来考虑，而不会作为发展目标来考虑，这就决定了两地蔬菜产业无法形成错位发展、优势互补的格局，而是产生了相似的产业结构，且在区域经济发展中呈现出竞争的态势，造成两地蔬菜产业整体协作意识不强，合作难以进一步推进；蔬菜产业发展上缺乏两地整体的发展规划，京冀蔬菜产业的功能定位和区域分工有待进一步明确，在发展规划、科技政策、重大项目、科技标准等沟通协同机制方面有待进一步完善。

（二）产业链条较短，高端需求较难满足

北京市蔬菜的产业化发展水平相比，河北省蔬菜生产还属于传统生产，附加值较低，产业链条较短，有机蔬菜、品牌蔬菜、净菜加工等较少，出口蔬菜、加工配送蔬菜、观光休闲蔬菜等产业化模式还未形成规模，尚不能完全满足北京高端消费者的需求，产品质量仍有待提高；蔬菜生产仍以农户为主体生产，大部分合作社是由农民自发组织的，组织化程度较低，其生产的蔬菜品种较为单一，较难实现多样化、规模化不间断供货；整体上品牌优势、地域特色仍不明显，与首都高端市场需求还有一定差距。

（三）蔬菜流通链较长，流通效率有待提高

河北省蔬菜供京虽有距离优势，但进京蔬菜流通仍以传统模式为主，且是附加值低的初级农产品，其对流通费用的承受能力有限，加之属于生鲜产品，具有易损耗特质，因此，传统流通模式物流链长、交易成本高，不仅加大蔬菜损腐成本，收益也有限；蔬菜采后商品化处理建设的投入仍不足，主要以手工作业为主，自动筛序机、净菜加工机等设备缺乏，影响了直销渠道的建立；农业合作社（园区）与超市、社区对接的新型直销模式广受关注，但受高房租、超市入场费用等因素影响，普遍遭遇终端拓展难题，在城市中拓展“最后一公里”难度大。

（四）产销信息不对称，销售渠道较为单一

由于河北省蔬菜生产组织化水平偏低，协调生产和消费的主体（协会、合作社或龙头企业）缺位，无法将农户、收购商、销售商、

物流企业等主体有机联系在一起，产销信息不对称，农户种植往往具有一定盲目性，造成产品积压而贱价销售，或品种过于单一，抵抗自然灾害的能力差等问题；北京市的蔬菜需求呈现周期性、生产标准化、品种多样性以及注重消费体验，提倡一站式采购等多样化特征，而河北省的生产供给与差异化消费需求还存在差距；且北京市本地鲜活农产品电商销售渠道发达，与河北省仍以大型批发商为主的实际销售渠道没有实现有效对接，需要加强河北省农业经营主体发展电子商务的意识与技术培训。

四、保障京冀蔬菜均衡供应的对策建议

根据以上分析，针对京冀蔬菜均衡供应在体制机制、生产、流通、销售等环节存在的问题，为实现应急保障、流通高效、供需对接，从政策机制、高端生产、流通网络、信息服务四方面提出保障京冀蔬菜均衡供应的有关对策和建议。

（一）以首都蔬菜应急保障为核心，建立京冀蔬菜协同共赢发展机制

加强顶层设计。以“互利共赢”为原则，制定“环京一小时物流圈蔬菜供应保障基地建设规划”，双方责、权、利各有侧重，在河北省重点保障生产的同时，明确北京市在资金、人才、技术、政策上给予支持；统筹区域布局。根据区域资源优势开展产业链协作，打造“研发和销售环节在内，生产环节在外”的协同发展模式，形式包括订单生产、建立生产基地、产销对接等；建立京冀蔬菜流通协调机制。成立分管京冀农产品产销体系的专职协调组织机构及两地蔬菜流通联席会议制度，统一部署京冀市场，完善利益补偿机制；推进多层次协作联合机制。两地检验检疫部门联合，实行联检联控。推动北京市郊区县与河北省对应的毗邻县联合，实现优势互补。加强两地科研

单位联合，突出科技创新。

（二）以满足高端农产品需求为引导，提升河北省蔬菜生产能力和水平

发挥北京市在农业技术方面的优势，依托北京市的科研单位，联合河北省现有的蔬菜生产科技园区、示范基地，科学指导生产活动，提高生产效率及效益；顺应“互联网+”趋势，在河北省开展鲜活农产品电子商务示范培训，在河北省产地批发市场建设蔬菜电商示范基地，培育“互联网+农业”的新型农业经营主体；探索产业引导，有计划培育北京市大型农业龙头企业与河北省环京蔬菜生产企业、合作社、大户对接，积极支持北京市龙头企业在河北省建立外埠蔬菜生产基地；利用北京市的科技优势，针对20个蔬菜主产县（市区）的不同自然地理条件及生产基础，推行“一县一品”，聚焦资源打造一到几种特色优势蔬菜品牌，建立经济发展的蔬菜产业“坐标系”，开辟适合各县（市区）发展的蔬菜产业结构调整升级新路子，并将其建设成北京市蔬菜供应基地，发挥区域协同发展效能。

（三）以流通成本最小化为宗旨，布局两地蔬菜流通网络

发展短链式营销，支持“农超对接”、电子商务、直营店、集团消费等新型流通业态，支持河北新型农业经营主体在北京建直营店、开展“农超对接”“农餐对接”等项目，促进垂直一体化流通模式发展；优化京津冀农产品批发市场布局，结合非首都核心功能疏解，北京市农产品市场功能外迁，构建农产品流通网络。采取规划先行，从战略角度围绕一小时物流圈，与河北省共建农产品市场与物流产业园区，提高两地农产品流通效率；重点支持河北省环京、中心城市大型农产品批发市场进行功能提升与拓展，推动冷链物流发展。加大对公益性批发市场的投资力度，鼓励北京市大型批发市场在河北省建立分

支机构，对仓储、物流配送设施、场地给予政策优惠，保障生鲜产品质量安全，提升蔬菜深冬储备能力。

（四）以蔬菜供需“精准”对接为目的，共建信息化服务平台

建立京冀农产品市场信息采集发布平台。在北京市原有的监测主体及农产品批发市场等市场监测预警信息采集点的基础上，对接河北省信息采集点和河北省批发市场采集点，通过建立网站、微信公众号、LED 显示屏等方式将京冀蔬菜供求信息、产品展销、批发市场价格预警等信息发布给相关商户及农业组织；推进农产品市场监测预警。依托两地的专家团队，开展持续跟踪研究，利用大数据分析工具，建立京冀农产品市场监测预警体系；打造环首都农产品电商平台。借助北京市电子商务发展优势，与天猫、淘宝网、京东商城、1 号店等大型知名电子商务平台合作，建立环首都特色馆，组织具有河北省地方特色的“三品一标”农产品集中入驻，瞄准北京市高端产品和消费人群，发展有机蔬菜私人和集团定制，实现优质优价，提高种植收益。

参考文献

高静，李修颖，谢鹏，等 . 2016. 城市蔬菜供应链价格纵向传导机制研究［J］. 西南大学学报，38（18）：147-154.

何美丽 . 2014. 蔬菜供应链的话语权问题研究［J］. 中国农业大学.

李俊玉，管曦 . 2015. 不同流通模式下农产品流通效率比较研究［J］. 农业经济问题（3）：68-74.

孙芳，刘明河，刘立波 . 2015. 京津冀农业协同发展区域比较优势分析［J］. 中国农业资源与规划（2）：63-70.

王建廷，黄莉 . 2015. 京津冀协同发展的动力与动力机制［J］. 城市发展研究（5）：18-23.
张有望 . 2016. 蔬菜产销地批发市场间的价格传递效应研究［J］. 北京工商大学学报，31（6）：26-33.
赵友森，张标，赵安平，等 . 2015. 基于农户视角的北京市自产蔬菜流通渠道分析［J］. 甘肃农业科技（5）：31-36.
朱传言，陈素敏，李赛 . 2015. 物联网环境下京津冀农产品供应链体系构建研究［J］. 现代经济信息（10）：443-448.

（主笔人：陈玛琳）

报告 8 “双百对接”科技服务模式探索与思考

农业科技成果转化是实现潜在生产力转化为现实生产力的关键，是科技与经济相结合的重要纽带，是从根本上改变经济增长方式的最重要途径。为推动农业科技成果转化，探索科研人员科技服务与生产实际紧密结合的长效机制，北京市农林科学院立足自身优势学科、成果储备及郊区服务基础，自 2014 年起启动实施了“百名专家百个基地对接”工程（以下简称“双百对接”）。经过 3 年实施，“双百对接”工作探索了一套以科研单位为主导“一体两翼”多元协同的科技服务模式，以“短链化”“批量化”“团队化”开展科技成果示范推广工作，打造了一批典型基地，锻炼培养了一支服务队伍，示范了一批科研成果、提升了一批新型农业生产经营主体发展能力。这一模式创新，是农科院为落实科技服务与科研创新“双轮”驱动事业战略，在科技服务方面的精准发力，也实现了对都市型现代农业建设的有力支撑。

一、“双百对接”模式的创新做法

（一）缜密做好顶层设计

以北京市农村工作委员会“菜篮子”新型经营主体科技能力提

升工程为契机，北京市农林科学院于2014年提出“双百对接”工程，从全院层面策划和部署了“双百对接”工作，制定了《北京市农林科学院推进“双百对接”工程的工作方案》，统一院、所两级认识，规范“双百对接”的工作机制、工作程序和年度计划，明确提出：在3~5年内实现100名左右专家、100个以上基地之间“一帮一”“点对点”对接，打造10~15个科技推广服务优秀团队，形成“北京市农林科学院科技推广服务品牌”的总体发展目标；在院级层面成立了由主管副院长牵头、成果转化与推广处统一协调、各所（中心）全面参与的工作小组，各所（中心）相应明确了主管领导和责任人，构建起院、所两级传导迅速、步调一致的组织体系和信息反馈机制，将“双百对接”工作列入每年度院“科技惠农行动计划”折子工程，将其纳入所（中心）和科技人员的年度考核内容，确保了全院“双百对接”工作一盘棋、一条心的工作局面；同时，除“双百对接”专项资金支持外，积极整合国家级、市级相关政策资源和社会化资金，多方聚焦，政策集成，形成推动“双百对接”工作的合力。

（二）筛选代表性对接基地

本着“需求导向、重点突出”原则，结合本院优势科技成果资源，在“双百对接”核心基地选择上，确定粮经、蔬菜、林果、畜禽、水产为重点产业，以保障首都市民“菜篮子”为核心，同时，兼顾休闲农业、生态农业、循环农业、创意农业、沟域经济、农产品加工配送等新型农业业态。

（三）遴选经验丰富对接专家

“双百对接”工作采取责任专家制，由责任专家牵头组建科技服务专家团队开展工作。原则上要求专家团队每年科技服务累计时长在3个月以上，累计开展技术指导及培训20次以上。鼓励所（中心）之间联合，组建跨所、跨学科、老中青结合的综合科技服务团队。团队在责任专家带领下，围绕基地需求，采取“责任专家+服务团队+基层技术骨干+种植养殖基地+农户”方式，展示示范科技成果。并以基地为核心，辐射带动周边及有相关需求的农民提高生产技术水平。同时，还依托基地，充分发挥农业科研院所专家优势，为基层科技服务团队培养技术人才。

（四）强化对接过程管理

为确保“双百对接”工作务求实效，北京市农林科学院针对每个“双百对接”项目制定了“六个一”工作标准，即院、所（中心）、专家之间签订1份《项目任务书》，专家与基地之间签订1份《服务协议书》；由责任专家牵头组建1支科技服务专家团队；3年服务期间，专家为基地解决至少1个生产关键性技术问题，专家在基地展示示范至少1项科技成果，专家为基地培养至少1个生产技术骨干；3年服务期满，对接基地经济效益提升10%。在“六个一”标准指导下，还相应制定了“需求调研与年度考核”结合的管理制度。由责任专家在对接基地开展需求调研基础上，制定当年度“双百对接”工作目标、示范方案和进度安排，并向主管处室提交《科技调研报告》以备年终考核；同时，“双百对接”的考核工作还纳入到了各所（中心）科技服务年度工作考核和科技人员年度工作考核体系。

二、“双百对接”模式的工作机制和成效

（一）构建“扁平化”服务体系，提高科技成果转化效率

“双百对接”工作由科研院所科技服务主管部门主导，统一协调相关优势资源，推动科技专家与示范基地紧密契合成“一体”；通过“一帮一”“点对点”的科技成果示范展示，塑造特色鲜明的科技示范点（样板、窗口）；市区相关农口单位、其他服务组织、基层服务资源则从“两翼”辅助和协调，通过技术集成、资源整合以及多元服务主体之间的横向沟通，共同推动新型农业经营主体做大做强；并辐射、带动附近其他经营主体发展，进而推动区域农业产业发展，村镇经济增长。北京市农林科学院还与区县涉农主管部门进行深度沟通、密切合作，共纳入了100多名区、乡镇科技推广人员，由区县、院共同对服务工作进行监督、管理。“双百对接”工作探索建立的“一体两翼”、多元协同的科技服务模式，实现了组织管理“扁平化”，服务方式“短链化”“直推式”，有效地解决当前农业科技服务体系层级多、管理结构复杂环境下，科研成果落地难、科技服务与基层需求对接不及时等问题，提高了科技成果的效率（图8-1）。

根据美国学者埃弗雷特·罗杰斯（E. M. Rogers）的创新扩散理论，技术扩散传播过程呈现“S”形曲线。即传统的、自上而下的技术推广体系中，农户对于新技术的接受，需要经过一个较为漫长的观望和心理斗争阶段。技术的传播速度受当地技术舆论环境、农户认知水平、技术成熟度等客观因素影响，技术采纳过程中往往呈现出一个较为平滑的上升曲线，在创新扩散到顶峰后，逐渐浪峰减退，呈现出下降趋势，技术的渗透过程也呈现出较为明显的“涓流效应”。

“双百对接”工程采取了专家基地接对方式，打破了这种“S”

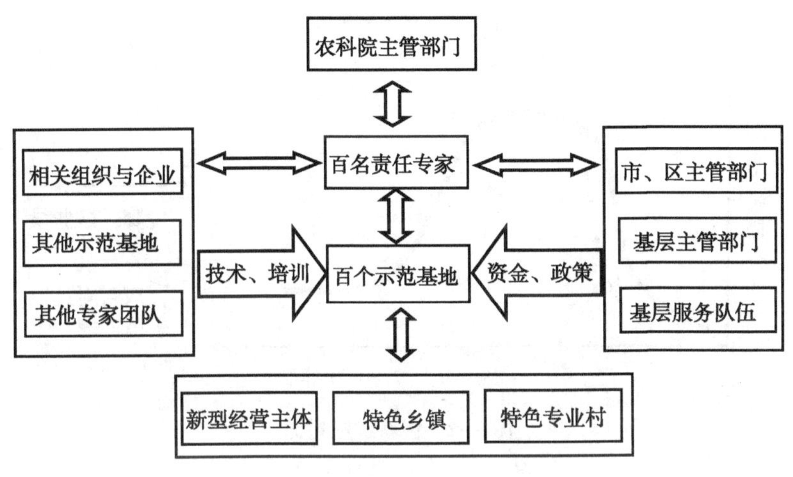

图 8-1　“双百对接”科技服务模式

形常规曲线模式，创新了科研院所从事科技推广服务工作新思路，实现了从传统的科技示范推广向科技成果转化的新起点。优点在于：一是能实现需求与成果对接“精准化”。科技服务针对性强，成果接地气、能落地，成果转化更直接和见效快；二是“双向式”信息沟通和反馈。对科研院所来说，科技服务专家能围绕基地需求，整合资源，集成技术成果，直接服务于基地，并及时了解基层科技需求并推动科学研究事业发展；对于基地来说，通过专家“传帮带”“做着看，带着干”的方式，新型生产经营主体能够很快打消心中的疑虑，能够迅速认可和采纳责任专家推广的新品种、新技术和新成果，迅速度过技术采纳的观望和心理斗争期，而在扩散曲线上呈现出“J”型的快速增长曲线，到了扩散顶点后，为持续处于浪峰，推迟浪峰衰退阶段的出现，大大提高了技术推广服务的效率和效果（图 8-2）。

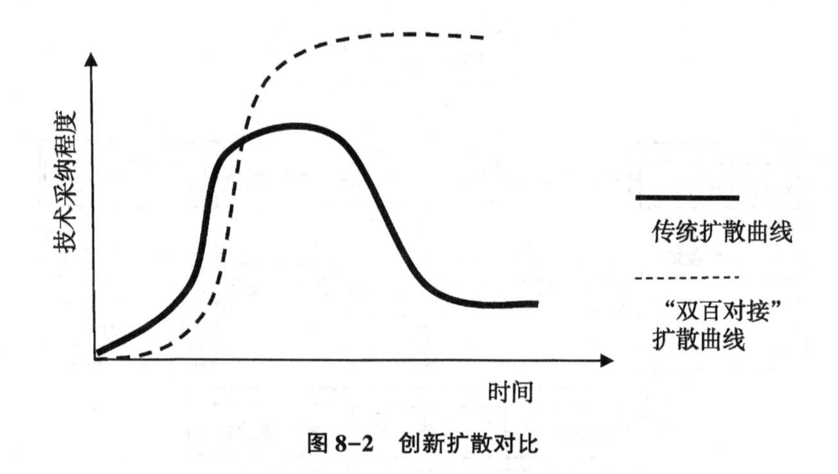

图 8-2　创新扩散对比

（二）发挥科技杠杆作用，“撬动”三类资源向基地积聚

“双百对接”工作，以基地为支点，“撬动”了社会资本、科研项目、人才团队等更多资源流向首都农业，全面提升对接基地的综合生产能力、生产科技含量、盈利及辐射带动能力。第一，“撬动”社会资源。通过本项工作，社会资金和基地经营者都加大了对农业生产的投入力度。据不完全统计，2014—2015 年，通过“双百对接”项目引领，基地主动进行基础设施环境改造等直接投入 3 220. 23 万元，带动社会上其他投入 3 551 万元。第二，“撬动”科技资源。责任专家将相关科研项目向“双百对接”基地倾斜，100 多个基地累计落实和承接国家和地方相关科研推广项目经费 544. 64 万元。第三，“撬动”人力资源。截至 2015 年年底，全院累计遴选“双百对接”责任专家共计 114 名。这部分中青年科技专家，对基层工作热情高、科研和服务能力强。责任专家的到来，除积聚自身所在机构科研团队和专家资源外，还吸引了一些大学、科研机构的专家来共同出谋划策，提

供技术解决方案和成果展示示范，解决基地发展问题。

（三）聚力打造“双百对接”基地，提升新型经营主体科技水平

项目实施以来，“双百对接”工作在京郊建立了对接基地119个。从基地主体类型情况来看，涉农企业40个、农民专业合作社或产销协会49个、种植大户6个、“一村一品”专业村11个、企事业单位试验示范基地13个。农民专业合作社和涉农企业占基地总数的78.4%，属于“双百对接”工程实施的主导和中坚力量。

1. 提升龙头企业的科技创新能力

在农业科技资源示范带动下，龙头企业提升了创新和研发能力，一些基地的科研及生产水平位居本区域、本市或同行前列。例如，九鼎种猪场种猪繁育、肉猪养殖技术水平在大兴区名列前茅，疫病防控技术达到北京市领先水平；顺义区张镇绿多乐农业有限公司，采用了国内首创的林地种草“别墅”生态养殖北京油鸡模式，达到了北京市领先水平。北京市农林科学院还以“专家工作站”方式，与企业共同建立产业技术研发平台。装备中心、营资所科研团队，在太舟坞生态农业种植园有限公司建立“专家工作站”，使园区在农业信息自动化、特色新品种筛选引进、生态循环农业构建等方面取得巨大成效。

2. 增强专业合作社生产和示范带动能力

农民专业合作社在责任专家带动下，全面应用北京市农林科学院先进科技成果，促使生产技术水平快速提升，生产和示范带动能力增强。例如，大兴泰丰肉鸽养殖专业合作社的肉用种鸽生产水平达到了北京市先进水平，对全国肉鸽养殖业起到引领带头作用；顺义绿富农果蔬产销合作社的蔬菜种植水平和病虫害绿色防治技术，在北京市达到了较高水平；书平绿圃观光园，在专家的指导下发展林下养鸡、林下食用菌发展，带动农户每棚增收1万元以上。

3. 推动特色乡镇产业转型升级

“双百对接”工作与延庆四海镇、顺义张镇、大兴长子营镇等特色乡镇建设工作结合，引进和示范畜禽、蔬菜、食用菌、花卉、林果等农业新品种、新技术，拓展基地产业功能、开发特色产品、延伸产业链条，推动了乡镇特色产业发展和壮大。

4. 提升低收入专业村产业发展后劲

“双百对接”工作还与“一村一品”专业村发展、低收入村帮扶工作紧密结合。项目实施以来，通过“双百对接”累计对接“一村一品”专业村 19 个，帮扶低收入村 8 个，有力推动了密云的石洞子村、通州的西黄垈村、房山的南韩继村、门头沟的白虎头村、大兴的小黑垈村、平谷的魏家湾村、延庆的四海镇等产业发展，实现了一些专业村产业的“做大做强”和低收入村产业的“从无到有”。

（四）推动科技成果批量转化，引领都市型现代农业高端发展

结合首都农业新定位，围绕都市型现代农业发展需求，立足基地生产的产前、产中和产后，优选和组装一批“名特优新科研成果”“产业发展关键技术”进行展示示范，并配套集成一批产品、技术或设备。据不完全统计，北京市农林科学院通过“双百对接”工程累计展示示范蔬菜、畜禽、林果、水产新品种 300 个，推广安全、生态、高产、高效、节水生产技术近 200 项，推广物化成果近 100 项，开展各种形式的观摩 200 余次，培训 2 000 余人次，培养各类新型经营主体技术骨干 200 人以上，开展各类形式培训、观摩近 4 000 次，对接基地实现年均增产 10%以上，节省人力 20%以上，累计增收节支达到 4 500 余万元，实现户均增收 7 000 余元。同时，在北京市农林科学院科技成果示范带动下，围绕畜牧养殖、蔬菜种植、林果花卉种植、粮食作物种植等产业，展示示范面积达到了 4. 9 万亩（粮食 2. 8 万亩、蔬菜 9 705 亩、林果花卉 9 286 亩、水产 1 264. 5 亩、草种

1 035 亩），油鸡示范规模达到2.5万只、生猪1 200头、鸽子8 024对、蜜蜂23 250群，直接受益农户6 597户，辐射带动北京、新疆（新疆维吾尔自治区的简称。全书同）、河北、天津、山东、河南、安徽等省（市、区）农户16 692户，详见下表所示。

表　不同类型基地示范面积及示范内容

示范基地类型	核心示范面积	增产情况	示范成果内容
蔬菜类	9 705亩	亩均增产 5%～15%	蔬菜、草莓、食用菌等新品种引进、栽培模式和病虫害防治技术示范
林果、花卉类	9 286亩	亩均增产 15%～30%	核桃、枣、板栗、梨、苹果及花卉等新品种引进，高效栽培模式示范
水产养殖类	1 264.5亩	亩均增产 5%～30%	龟鳖、观赏鱼、罗非鱼等新品种引进，养殖模式示范
粮食作物类	2.8万亩	亩均增产317kg	玉米、小麦新品种示范、节水、抗旱技术示范
草类	1 035亩	亩均增产 10%～15%	新品种引进，高效生产模式
蜂产业类	23 250群	平均增产 3%～30%	蜜蜂授粉应用技术、蜂群繁殖及管理技术等
鸽子类	8 024对	年均增效 10%～12%	肉用种鸽新品种引进、养殖模式示范、疫病防治等
生猪类	1 200头	年均增效 10%～12%	基础母猪、育肥猪养殖模式示范和综合防疫技术应用
肉蛋鸡类	22.5万只	年均增效 10%～12%	新品种引进、疫病防治技术，新型养殖模式示范

以对接基地为示范窗口，紧紧围绕农业生产的产前、产中和产后，因地制宜地优选和组装一批符合都市型现代农业发展需求的生产模式、关键技术、品种、标准和装备。例如，针对退耕还林大面积生态幼林种植经济效益低的问题，示范展示了林下畜禽养殖、林下食用菌、林下观赏草种植、林花（百合、菊花）、林药等林下经济发展模

式；针对城市居民观光、休闲、旅游的消费需求，示范展示了盆栽果树种植、盆栽蔬菜种植、蔬菜/果品立体栽培技术等一批新业态发展新技术；针对城市居民高端农产品的消费需求，引进、展示和示范了特色水产品、果品和蔬菜，并围绕安全农产品生产，示范推广了红樱桃种植、葡萄种植、蜜蜂养殖、菌渣利用等生产标准和绿色防控技术等；依托信息技术，示范和推广了水肥一体化、定时滴灌、物联网控制、现代企业管理、12396 热线 APP 等智能设备和智慧农业生产技术。这些农业新型经营主体成为首都农业科技成果最“直接”受益者，大大提高了他们的生产能力和科技水平。这些基地成为农科院在郊区留得住、带不走的展示窗口和前沿阵地，对首都农业发展起到引领和示范带动作用。

三、完善“双百对接”模式的几点思考

“双百对接”模式比较适用于农业面积小、产业类型多、基地规模大，现代农业比较发达、市场拉力较强劲的都市农业。模式实施效果由专家服务能力、基地重视程度、服务与需求契合度 3 个因素共同决定。在对“双百对接”工作进行调研中发现，在专家团队、基地和需求对接等方面仍有不足，需要不断完善。

（一）加强责任专家及服务团队建设

“双百对接”工作实施中，存在一些责任专家由于工作繁忙，科技示范推广的重视程度不够等问题；随着工作推进，责任专家的后备人才储备不足，青年科研人员大多不太了解基层，独当一面的沟通和服务能力缺乏。因此，需要加强责任专家和服务团队建设。在已有责任专家遴选标准基础上进行充分调查和研究，确定针对性强、更适合“双百对接”工作特点的责任专家遴选条件。可以优先鼓励和引导挂

职干部承担“双百对接”项目，探索“双百对接”工程与挂职干部相结合的工作机制和考核机制。

（二）提升示范基地建设水平

基地建设水平参差不齐，部分对接的企业社会责任心不强，对接的农民专业合作组织对辐射带动作用有限，一些基地科技示范条件不具备，各对接基地之间沟通联系不十分紧密，没有充分发挥出综合性农业院所的“大学科”优势。因此，需要在已有基地遴选标准基础上进行充分调查和研究，改进和完善基地遴选条件。以区域内优势产业为重点，以服务效果好、服务主体需求紧迫、有辐射带动作用、能惠及农民的基地作为遴选对象；建立基地之间的横向联系制度，适当组织不同所、中心之间“双百对接”工作观摩或者互学互比活动，探索多个所（中心）联合开展科技对接服务的工作机制。

（三）实现科技服务与基层需求的精准对接

部分专家服务的方式方法与对接基地的实际情况不能完全契合，片面追求“高大上”的示范，缺乏实用性。与市场终端销售密切相关的下游产品开发、全产业链服务能力相对欠缺。因此，需要围绕区域特色优势产业，以基地为载体，积极引导创新要素、政策资金向基地聚集，增强基地获取、扩散科技成果的能力。继续整合市、区相关单位资源和社会资金，促进基层科技服务资源密切联系，合力推进“双百对接”工作，对有发展前景的新品种及其产业化发展提供滚动的资金和项目支持。充分发挥“双百对接”的产业帮扶功能，优先支持农民专业合作社、涉农企业和专业大户等新型生产经营主体产业发展，辐射带动农民增收致富。

参考文献

陈霞，李顺国，王慧军，等. 2007. 坚持科研立院之本 全面推进科技创新工作 [J]. 农业科技管理（1）：9-12.
黄钢. 2011. 农业科技成果转化的双创理论与实践 [J]. 农业科技管理，30（1）：1-4.
姜长云. 2011. 新形势下我国农业科技的发展选择 [J]. 农村经济（12）：3-7.
谭华，刘学文. 2009. 新形势下我国农业科技成果转化政策建议 [J]. 湖南农业科学（9）：132-134.
吴宝新. 2015. 新形势下北京农业发展的思考 [J]. 北京农业（1）：4-9.
赵正洲，李玮. 2012. 高校科技成果转化动力机制缺失及其对策 [J]. 科技管理研究（15）：133-136.
甄若宏，郑建初，刘华周，等. 2014. 农业科研院所科技服务项目运行机制研究——以江苏省农业科技自主创新资金模式创新项目为例 [J]. 江苏农业学报，30（4）：890-895.

（主笔人：陈俊红）

报告9　新形势下北京市农业科技服务模式的探索与思考

一、前言

农业作为国民经济的基础，在一国的稳定与发展中发挥着及其重要的地位与作用。农业科技是连接农业生产和农业科研的桥梁和纽带，是支撑和引领现代农业发展的重要保障。如何应对新形势，创新北京市农业科技服务模式，促进农业科技转化为现实生产力，发挥好首都农业科技引领作用，是当前亟须解决的课题。

纵观当前农业科技服务相关研究，多数研究仍停留在农业科技服务体系的完善、农业科技服务模式的总结介绍，而对新形势下区域性农业科技服务模式的研究与探索相对缺乏。本论文以北京市农林科学院“双百对接”农业科技服务实践为例，对新形势下北京市农业科技服务的模式进行了探索与思考，从一定程度上弥补了以往研究的不足。

二、北京市农业发展新特点及农业科技服务面临的严峻挑战

（一）北京市农业发展新特点

1. 农业功能需求日趋多元化

从国家层面看，“京津冀协同发展”大背景下，需要北京市率先垂范，将自身打造成国家都市农业引领区、现代农业示范区与高效节水农业样板区。从北京市自身看，现阶段北京市居民消费的农产品中，蔬菜30%、猪肉32%、牛奶54%、禽蛋66%、禽肉65%，实现北京市农业自给，市民对优质安全农产品的需求愈来愈旺，还需要京郊满足其逐渐增强的“养眼、洗肺、休闲”需求；农户需要先进的科技、优良的品种与精良的装备送至田间地头；涉农企业需要农业为自己提供原料、先进的生产技术示范平台、及时优质高效的服务与公平竞争的市场环境；政府需要农业在生态保护、应急保障及治理“城市病”中发挥积极作用。

2. 结构调整成为适应新常态必然选择

当前，北京市经济社会整体上已经步入后工业化时代与发达城市化阶段，土地及水资源紧缺的“双紧”约束加剧，市场高风险与劳动力高成本的“双高”压力加剧，农业占GDP的比重将越来越小，这都是大都市农村经济发展的必然趋势。新常态下，北京市农业要保证处于发展的良好态势，就必须立足北京市自然资源和环境的可承载力，根据建设和谐宜居之都的要求，调结构、转方式，大力发展高效农业、节水农业、生态农业，这是北京市农业在科技、资金、人才优势基础上，面临“双紧”“双高”压力所应作出的最佳选择。

3. 产业融合正成为农村经济新增长点

在北京市建设世界城市的过程中，产业融合的都市现代农业已经

成为北京市重要特色产业。2016年，北京市观光园接待实现收入28亿元，增长6.3%，其中，出售农产品收入5.9亿元，同比增长18.5%，占总收入的21%。民俗游接待实现收入14.4亿元，增长11.7%。农业会展及农事节庆活动实现收入2.4亿元，增长42%。休闲农业、乡村旅游以及农业会展已经成为山区农民增收的重要抓手。在农产品加工方面，2014年北京市规模以上农产品加工企业总产值达682亿元，与农业总产值之比为1.6：1，接近于发达国家的最低水平2.0：1，农产品加工业集聚形态基本形成。目前，北京市农村产业融合速度进一步加快，融合性产业正在成为农村经济新的增长点。

4. 非农收入难以保证持续增收

2016年，北京市农村居民人均家庭经营性净收入2 062元，同比增长5.3%，已连续3年保持稳定正增长（前2年分别增长7.1%和5.6%），增收贡献率为5.9%，而农村居民人均工资性收入16 638元，同比增长7.4%，增幅比上年下降1.2个百分点，对农民收入的贡献率为65.9%，仍然超过经营净收入，是农民收入的第一大来源。但是由于农民就业技能普遍较低，在经济结构转型升级及GDP增速下滑的背景下处于弱势地位，农民工就业机会呈下降趋势，工资性收入增长变缓。同时，随着国内生产要素成本不断提高以及国际农产品价格大幅度下跌，凭借粮食增产和提价保障，农民持续增收的难度不断加大。

（二）北京市农业科技服务发展面临严峻挑战

1. 农业科技服务队伍建设有待加强

北京市现有的专职农业科技服务机构主要有农业技术推广站、水产技术推广站、农业机械监理总站、土肥工作站、畜牧总站、植物保护站、农业机械试验鉴定推广站、动物疫病预防控制中心等，尽管数量众多，但服务资源供给与需求不十分匹配，存在科技服务浪费和低效的问题。从事农业科技服务工作的人员偏少，尤其是基层农技队伍多年未获得补充与更新，许多比较有发展前景的产业及地区找不到合适的专家配对帮扶，项目实施时间一拖再拖；少数科技服务能力强、经验丰富的专家往往担负数个项目，往返奔波于各示范点之间，出现“心有余而力不足”的情况。一些中青年科研人员不了解基层、不具备独当一面进行沟通和服务的能力。

2. 农业科技服务综合能力有待提升

北京市当前的农业科技服务内容和模式需要更新，科技成果储备有待加强。在服务内容上，应围绕北京都市现代农业发展新特点——农业功能需求多样化、农业供需有待有效平衡匹配、产业融合扩大化以及非农收入逐渐降低，及时掌握农村形式和农民需求的变化，进一步加强在高效节水农业、生态农业、休闲农业、“菜篮子”产业、现代种业、优质农产品安全、农产品加工、新业态创造等领域的农业科技创新及示范。科研成果储备上，新品种、新成果的推出缓慢，稳定性不足，老科技成果已不能满足现代产业的快速发展需要。服务模式上，现有的农业科技服务模式主要为农民培训、技术咨询、现场展示等，无法充分调动广大农民参与的积极性和主动性。“互联网+”的深入发展，为首都“三农”工作的推动和开展带来了新契机，农业科技服务模式应打破传统思路，大胆创新，从服务对象、手段至体系的建设都须更新升级。

3. 农业科技服务受体信息素养水平有待提高

近年来，北京市积极发展设施农业、高效农业、工厂化农业等科技含量较高的农业，这就对农业从业者使用信息的能力有了较高的要求。据统计，2015 年北京市乡村从业人员 292.8 万人，但从事农业生产的农业一线从业人员普遍年龄较大，文化水平不高，接受农业技术服务的基本素养也较低，接受新知识、新科技的能力不强，尤其是在病虫害防控、检验检疫、大棚管理、温室环境管控等农业领域。在

"互联网+"背景下，会有效利用信息科技来提高生产、管理、经营水平的新型农民较少。

4. 机制体制有待进一步创新

农业科技服务体制机制建设仍需加强。科技服务评价上，由于科技服务成果与科技人员自身利益并不挂钩或挂钩不紧密，目标考核机制、风险责任机制、服务农业生产的激励、奖励机制、晋升晋级机制缺乏或不适宜，导致科技人员科技服务的内在动力不足。科技服务时间上，受农业科技项目周期和科研经费的限制，科研人员用于科技服务的时间和精力难以保证，科技人员扎根基层、服务郊区的长效机制仍不健全。信息沟通机制不健全。科技服务供需双方之间缺乏相互联结沟通的有效政策引导和保障机制。

三、北京市农林科学院"双百对接"的实践

（一）主要举措

精心筹划和全面部署，构建了院、所两级传导迅速、步调一致的组织体系和信息反馈机制，并在已有市农委扶持资金基础上，每年从院科技惠农资金中拿出近200万元经费用于支持"双百对接"工作开展，3年累计组织13个所（中心）、178名专家与我市13个郊区县及津冀地区的198个基地"结成对子"。严格对接基地标准，要求示范基地须以京郊具有一定规模、从事农业生产3年以上、示范与辐射带动性较强的农业新型经营主体为主，须具备稳定的生产面积，有较为完善的农业生产基础设施和稳定的人员队伍。精心遴选对接专家，采取责任专家制，鼓励所（中心）之间联合，组建跨所、跨学科、老中青结合的综合科技服务团队。强化项目过程管理，针对每个"双百对接"项目制定了"六个一"工作标准，将考核工作纳入到各

所（中心）科技服务年度工作考核和科技人员年度工作考核体系，成立院—所（中心）两级督导制度。奖惩分明，营造良好工作氛围，将“双百对接”工作整体纳入到院科技推广服务工作考核激励体系，并积极探索“双百对接”滚动扶持制度。

（二）主要成效

1. 探索了以科研单位为主导“一体两翼”多元协同科技服务模式

科研院所主导，统一协调优势资源，推动科技专家与示范基地紧密契合成“一体”；通过“一帮一”“点对点”的科技成果示范展示，塑造特色鲜明的科技示范点（样板、窗口）；市区相关农口单位、其他服务组织、基层服务资源则从“两翼”辅助和协调，通过技术集成、资源整合以及多元服务主体之间的横向沟通，共同推动新型农业经营主体做大做强；并辐射、带动附近其他经营主体发展，进而推动区域农业产业发展、村镇经济增长。“双百对接”工程打破了传统的技术扩散“S”形曲线模式，服务方式“短链化”“直推式”，实现成果与需求对接及时化、精准化，有助于“双向式”信息沟通和反馈，推动科技成果快速转化。通过“双百对接”工作，以基地为支点，发挥科技“杠杆”作用，“撬动”社会资本、科研项目、人才团队等更多资源流向首都农业。截至 2016 年 8 月，通过“双百对接”项目引领，基地主动进行基础设施环境改造等直接投入 3 220.23 万元，带动社会上其他投入 3 551 万元，100 多个基地累计落实和承接国家和地方相关科研推广项目经费 544.64 万元，吸引了一些大学、科研机构的专家前来出谋划策。

2. 建立了一批科农关系紧密、示范带动效应显著的基地

截至 2016 年年底，北京市农林科学院通过“双百对接”累计在京郊建立对接基地 198 个。从基地分布区域来看，对接基地分布最多的为大兴、顺义、密云和房山，朝阳、海淀和丰台分布最少。从基地

主体类型情况来看，涉农企业 78 个、农民专业合作社或产销协会 75 个、企事业单位试验示范基地 24 个、“一村一品”专业村 17 个、种植大户 4 个，其中，农民专业合作社和涉农企业占基地总数的 77%，属于“双百对接”工程实施的主导和中坚力量。这些农业新型生产经营主体成为首都农业科技成果最“直接”受益者，以对接基地为示范窗口，紧紧围绕农业生产的产前、产中和产后，因地制宜地优选和组装一批符合都市型现代农业发展需求的生产模式、关键技术、品种、标准和装备，大大提高了他们的生产能力和科技水平。这些基地成为该院在郊区留得住、带不走的展示窗口和前沿阵地，对首都农业发展起到引领和示范带动作用。

3. 培养了一支扎根基层、“研”“推”兼备的专家队伍

截至 2016 年年底，全院累计遴选“双百对接”责任专家共计 178 名。从年龄及职称分布来看，副高级以上科技人员占 83.6%，中级以下职称科技人员占 16.4%。专家平均年龄 43.2 岁，且 70%集中在 30~49 岁这个年龄段。处于 30~49 岁这个年龄段的中青年科技人员是该院科技服务事业发展的中流砥柱，却又往往处于事业发展“瓶颈期”。“双百对接”项目以极小资金投入，通过“一定三年”扶持形式推动中青年科技专家深入基层，不仅促进中青年专家在实践中积累推广服务工作经验，而且促进其快速发现和总结出当前产业发展的技术“瓶颈”问题，带回到实验室后又成为指导个人今后科研工作的方向和指南。“双百对接”工程的实施，很好地实现了推广服务和科技研发的结合，科学诠释了该院“科技创新”与“科技服务”双轮驱动的要义。另外，在责任专家带领下，所（中心）际之间合作加强，组成了一批专业能力强、具有该院服务特色的服务团队，推动了科技服务由传统“个人服务”向“团队化服务”转变，为该院后备技术服务人才培养、科技服务事业可持续发展发挥积极作用。

4. 示范了一批引领都市现代农业发展的新品种、新技术和新装备

品种上，示范推广 300 多种优新品种（系），包含林果类、瓜类

廊架蔬菜、观赏蔬菜、茄果类、瓜、叶菜类，玉米、小麦新品种以及肉用种鸽、北京油鸡、授粉蜂、松浦镜鲤、哲罗鲑、鲑鳟鱼、墨底三色锦鲤种鱼等特色优良品种。技术上，在种植业方面，示范了高效栽培模式和病虫害防控技术等，实现对接基地平均增产10%以上，年增收4 143.2元/户；养殖业方面，示范了疫病防控、高效养殖模式等，促进年均增收14 279.8元/户；林果花卉方面，示范了省力化高效优质栽培技术，引进了相关设施设备，促进年均增收14 697.1元/户；大田作物方面，示范了良种繁育、种子包衣及高产节水节肥栽培技术，抗旱品种普及率达到80%以上，实现年均增收1 050.8元/户。引进了农作物节水型作物新品种及配套技术，示范了蔬菜、林果、花卉等节水种植模式，推广了畜禽低碳节水养殖新技术等。装备上，示范了现代物联网、农产品检验检测等新设备，展示了基于物联网、云计算等计算机信息技术的设施农业云服务系统，安装了北京农科热线APP、农业技术咨询云服务终端机，提供了温室监测仪器、水肥一体化设备、授粉蜂养殖箱等先进设备。

5. 提升了一批新型农业经营主体、特色镇村发展能力

在该院科技资源帮助下，提升了龙头企业创新和研发能力，一些基地的科研及生产水平位居本区域、本市或同行前列。采取“专家工作站”方式，共同建立产业技术研发平台。增强了农民专业合作社的生产和示范带动能力，一些合作社在责任专家带动下，全面应用该院先进科技成果，促使生产技术水平快速提升，生产和示范带动能力大大增强。“双百对接”工作与延庆四海镇、顺义张镇、大兴长子营镇等特色乡镇建设工作结合，引进和示范畜禽、蔬菜、食用菌、花卉、林果等农业新品种、新技术，拓展基地产业功能、开发特色产品、延伸产业链条，推动了特色乡镇产业转型升级。积极将“双百对接”工作与“一村一品”专业村发展、低收入村帮扶工作紧密结合，截至2016年年底，累计对接“一村一品”专业村34个，帮扶低收入村8个，实现了一些专业村产业的“做大做强”和低收入村

产业的“从无到有”。

（三）创新之处

1. 创新运行机制

“双百对接”工程不同于以往侧重于现场技术指导、技术培训等的科技服务模式，是以北京农林科学院为主导的“一体两翼”多元协同科技服务新模式，以“短链化”“批量化”“团队化”开展科技成果示范推广工作，强调责任专家与示范基地进行“一对一”的对接，从而构建起农业科研院所、基地与农户之间的紧密联系，这种新型农业科技服务模式在服务内容上，更具有创新性与科学性。

2. 创新管理机制

该院就农业科技服务工作进行了管理制度的创新，从全院层面策划和部署了“双百对接”工作，构建起由副院长牵头的院、所两级传导迅速、步调一致的组织体系和信息反馈机制。严格筛选对接基地标准，采取责任专家制，设置遴选标准，责任专家需与示范基地、责任专家所在所（中心）和科技推广处四方共同签订《“双百对接”工作任务书》，强化项目过程考核管理，制定“六个一”工作标准，将任务考核纳入年度考核工作。成立“双百对接”工作的院所（中心）两级督导制度。

3. 创新激励机制

为有效提高科技人员的工作积极性与创造性，建立了较为完善的激励机制，如在每年的科技惠农行动计划奖团队、个人及基地奖评选过程中，对参加“双百对接”的工作团队、个人进行一定程度的倾斜，并在申报资格、评审机制等方面给予相应的优惠政策。制定“双百对接”考核评价打分指标体系，对于基地的选择较为合理、对接的内容较为实用、对接的方式较为有效、对接的效果较为显著且具备继续支持可行性的项目进行滚动支持。通过这样一些激励措施推动农业科技者以更加积极的姿态深入到农业科技服务中。

四、完善“双百对接”农业科技服务模式的几点思考

（一）明确工作定位，完善考核制度

“双百对接”工作定位要进一步“精准化”，应聚焦于新品种、新技术和新产品的示范推广，加快农业科技在整个地区的推广速度；要明确“双百对接”持续性、长期性定位，将“双百对接”作为一项重点工作长期坚持下去。进一步完善、优化及简化“双百对接”成果考核制度，明确院、所（中心）、责任专家在工作推进过程中的责任定位，加强监督考核管理。

（二）完善基地遴选标准，探索有效扶持模式

在基地的选择上，对接基地数量不宜发展过多，要结合北京市农业产业发展分布，重点布局大兴、房山、密云、延庆、顺义、通州等主导产业区县，兼顾其他区县特色产业发展；要坚持一定的标准，基地要有一定的生产基础，有较强科技需求，与专家之间的协调沟通良好；探索变“普惠制”扶持模式为“分级制”扶持模式，对基地扶持分层次、扶持资金有侧重。加强基地之间的横向联系。探索多个所（中心）联合开展科技对接服务的工作机制。

（三）完善专家遴选条件，打造品牌责任专家

在专家的选择上，不唯大牌，不唯领导，向30～40岁的中青年专家倾斜；不建议将新入职的科技人员（20～30岁）安排为责任专

家；优先鼓励和引导挂职干部承担项目。打造职业素养高、能力强的品牌责任专家，要求专家既要有专业知识，对区域主导产业发展问题和趋势有宏观把握，又能深入一线，与基层“打成一片”，且能及时总结科技示范的有效模式进行示范推广，并能将实践中面临的问题反馈到科研加以攻关，从而解决生产实际问题。

（四）完善科技服务相关机制，推动“双百对接”长效发展

拓展和升级科技推广服务机制，进一步构建和完善“综合服务试验站—专家工作站—试验示范基地”三级推广服务体系。探索“双百对接”与低收入帮扶等社会资源的整合机制，充分发挥“双百对接”的产业扶贫功能，在对接基地选择上向低收入村倾斜。探索公益性与市场化服务有机结合的工作机制，在保证基地建设良性、可持续发展前提下，最大限度实现科技成果的市场价值。完善科技服务管理“三项”机制，完善专家和基地淘汰机制，进一步完善责任专家激励机制，完善基地之间、责任专家之间的信息沟通和对接成果宣传机制。

参考文献

北京市农委发展规划处.2017.2016 年北京市农业农村经济发展形势分析报告［EB/OL］.［2017-02-20］.http：//www.agri.ac.cn/news/jjdt/2017220/n8349126365.html.

北京统计局，国家统计局北京调查总队 .2017. 北京统计年鉴2016［J］.北京：中国统计出版社 .

陈俊红，陈玛琳，秦向阳，等 .2017. 对提升科研院所惠农服务能力的思考［J］. 北方园艺（07）：205-209.

吴宝新 .2015. 新形势下北京农业发展的思考［J］. 北京农业

(01)：4-9.
中国产业网．2016. 北京农产品市场现状与发展趋势预测［EB/OL］．［2016］. https://wenku. baidu. com/view/7d44ddee1ed9ad51f01df2fe.html.

（主笔人：陈香玉）

报告10　北京市农业用水概况、存在的问题及原因分析

水是农业生产的重要投入要素。虽然，北京市农业用水量已于2005年退居全市第二位，但农业作为用水大户仍旧承受着水资源紧缺和灌溉用水保障的双重压力。并且，北京市农业用水主要依靠地下水，导致京郊地下水被大量超采。2014年年初，习总书记在视察北京市时专门强调要发展节水农业，随后中央国家有关部门主要领导聚集到北京开展农业节水工作调研。同年9月，北京市委、市政府下发《关于调结构转方式发展高效节水农业的意见》（京发〔2014〕16号，以下简称《意见》），提出要加快推进农业节水。近年来，北京市大力发展了诸多形式的农业节水型灌溉工程，农业节水工作取得了显著成效，但在实际农业生产中仍然存在节水设施利用率低下，农户采用节水技术积极性不高等问题，制约了节水农业的发展。

本文利用相关统计数据，系统分析了北京市农业用水现状、历史趋势、与农业种植结构的关系、农业水资源利用效率以及节水农业发展成效。在此基础上进一步探讨了农业用水存在的主要问题，并对问题产生的原因从理论和现实条件等方面作出解释，明晰了农业节水问题的复杂性和紧迫性。

一、北京市农业用水现状

（一）农业用水量变化趋势

2001 年以来，北京市农业用水量呈现出明显的逐年递减趋势。2001 年，北京市农业用水总量为 17.4 亿 m^3，至 2015 年，已减少到 6.5 亿 m^3，年均减少 6.8%（图 10-1）。

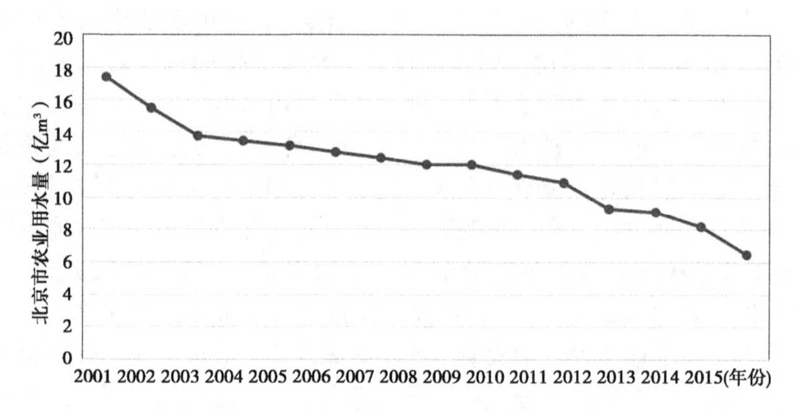

图 10-1　2001—2015 年北京市农业用水量

资料来源：北京统计年鉴 2016

与此同时，北京市农业用水占全市用水的比例由 2001 年的 44.7%下降为 2015 年的 17%，并且自 2005 年起退居全市用水量的第二位（表 10-1）。据北京市统计局数据，“十一五”以来，一二三产对北京市单位 GDP 水耗下降的贡献率分别为 60%、25%和 15%，第一产业对北京全市万元 GDP 水耗下降贡献最大。

表 10-1　北京用水量分布及比重

年份	用水总量（亿 m^3）	农业（亿 m^3）	工业（亿 m^3）	生活（亿 m^3）	环境（亿 m^3）	农业用水比重（%）	工业用水比重（%）	生活用水比重（%）	环境用水比重（%）
2001	38.9	17.4	9.2	12.1	0.3	44.7	23.6	31.0	0.8
2002	34.6	15.5	7.5	10.8	0.8	44.6	21.8	31.3	2.3
2003	35.8	13.8	8.4	13.0	0.6	38.5	23.5	36.3	1.7
2004	34.6	13.5	7.7	12.8	0.6	39.1	22.2	37.0	1.8
2005	34.5	13.2	6.8	13.4	1.1	38.3	19.7	38.8	3.2
2006	34.3	12.8	6.2	13.7	1.6	37.3	18.1	39.9	4.7
2007	34.8	12.4	5.8	13.9	2.7	35.7	16.5	39.9	7.8
2008	35.1	12.0	5.2	14.7	3.2	34.2	14.8	41.9	9.1
2009	35.5	12.0	5.2	14.7	3.6	33.8	14.6	41.4	10.1
2010	35.2	11.4	5.1	14.7	4.0	32.4	14.5	41.8	11.4
2011	36.0	10.9	5.0	15.6	4.5	30.3	13.9	43.3	12.5
2012	35.9	9.3	4.9	16.0	5.7	25.9	13.6	44.6	15.9
2013	36.4	9.1	5.1	16.3	5.9	25.0	14.0	44.8	16.2
2014	37.5	8.2	5.1	17.0	7.2	21.9	13.6	45.3	19.2
2015	38.3	6.5	3.9	17.5	10.4	17	10.2	45.7	27.2

资料来源：各年份北京市水资源公报

与此同时，农业用水结构逐渐优化，由过去主要依靠地下水单一水源转向地下水、雨洪水、再生水相结合，一是大力发展再生水灌溉，控制面积已达 60 万亩；二是加大雨洪水利用，建成 1 000 处农村雨洪利用工程，蓄水能力达到 2 800 万 m^3。2015 年全市设施蔬菜集雨窖（池）总容积 10 万 m^3，畜牧高效集雨节水工程实现总容积 6 万 m^3，共回收利用雨水约 50 万 m^3。

（二）农业产业结构变化与农业用水

农村产业结构调整包括农村经济结构的调整和农业生产结构的调整等方面，前者指第一、第二、第三产业的产值比，后者指第一产业（大农业）内部各经济部门（种植、林、牧、渔业等）之间的产值比。由于第一、第二、第三产业间以及大农业内部各经济部门之间的用水量差别很大，因此，农村产业结构调整必然导致农业用水量和农业内部用水结构的变化。改革开放以来，北京市农村产业结构的变化呈现以下特征：一是农业产值所占比重逐年下降，而非农业产值比重持续上升；二是农业总产值构成中，林业（低耗水）产值比重逐年上升，种植业（高耗水）产值比重持续下降，牧业产值也呈现上升后逐年下降的趋势，渔业产值比重很小，近年来约占3%左右（图10-2）。

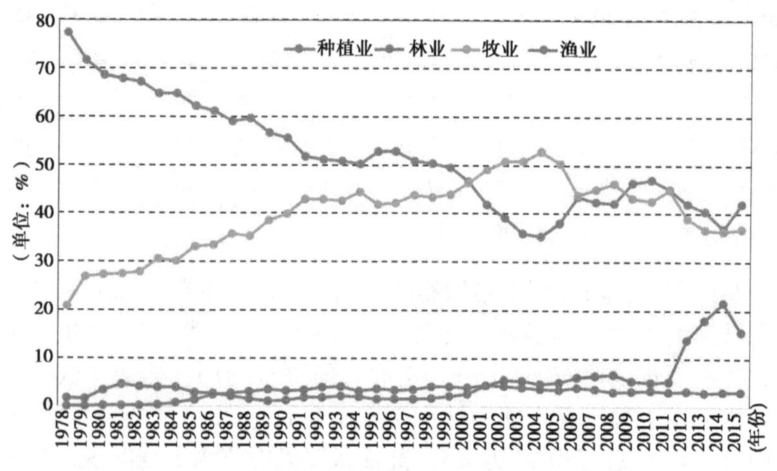

图 10-2　北京市农业内部各经济部门产值比例变化

资料来源：根据北京统计年鉴 2016 相关数据计算得来

这种产业结构间的变化趋势和北京当前提出的“调粮保菜，做精畜牧水产，压缩高耗水农作物生产规模，调减转移畜禽养殖部分产能”相一致。

（三）农业种植结构变化与农业用水

20 世纪 80 年代以来，虽然北京市农业种植结构发生明显变化，但粮食作物仍是北京农业播种面积最大的农作物，其次是蔬菜及食用菌（表 10–2）。

表 10–2　北京市历年来主要农作物播种面积及其占总播种面积的比重

（单位：万 hm^2，%）

年份	农作物总播种面积	粮食作物		蔬菜及食用菌		瓜类及草莓		造林面积	
		播种面积	占比	播种面积	占比	播种面积	占比	播种面积	占比
1980	65.7	54.9	83.6	5.1	7.8	0.4	0.6	2.4	3.7
1985	61.8	51.1	82.7	5.4	8.7	0.9	1.5	3.0	4.9
1990	59.0	48.4	82.0	7.0	11.9	0.6	1.0	1.3	2.2
1995	55.3	43.4	78.5	9.1	16.5	0.5	0.9	4.7	8.5
2000	45.4	30.8	67.8	10.4	22.9	0.8	1.8	2.6	5.7
2005	30.8	19.2	62.3	7.9	25.6	0.8	2.6	1.2	3.9
2006	32.0	22.0	68.8	7.1	22.2	0.9	2.8	1.3	4.0
2007	29.5	19.7	66.8	7.0	23.7	0.9	3.1	1.1	3.7
2008	32.2	22.6	70.2	6.8	21.1	0.8	2.5	0.9	2.8
2009	32.0	22.6	70.6	6.8	21.3	0.8	2.5	1.8	5.6
2010	31.7	22.3	70.4	6.8	21.3	0.8	2.5	1.4	4.4
2011	30.3	20.9	69.0	6.7	22.1	0.8	2.6	2.1	6.9
2012	28.3	19.4	68.6	6.4	22.6	0.8	2.8	3.6	12.7
2013	24.2	15.9	65.7	6.2	25.6	0.7	2.9	4.4	18.2

（续表）

年份	农作物总播种面积	粮食作物		蔬菜及食用菌		瓜类及草莓		造林面积	
		播种面积	占比	播种面积	占比	播种面积	占比	播种面积	占比
2014	20.0	12.0	60.1	5.7	28.7	0.6	3.2	2.3	11.5
2015	17.7	10.4	59.1	5.4	30.7	0.5	2.9	0.8	4.5

资料来源：根据北京统计年鉴2016相关数据计算得来

在北京市农作物播种面积方面，从绝对数值上看，1980—2015年，粮食作物的播种面积从1980年的54.9万hm^2减少到2015年的10.4万hm^2，减少了81%，并且大力缩减了水稻种植面积比例；蔬菜及食用菌的播种面积变化不大，从1980年的5.6万hm^2波动至2015年的5.4万hm^2。

从播种面积的相对数值来看，1980—2015年，北京粮食作物播种面积占农业总播种面积的比重从1980年的83.6%降低到2015年的59.1%，呈现持续下降趋势；而蔬菜及食用菌播种面积占农业总播种面积的比重由1980年的7.8%提高到2015年的30.7%。尽管相对于1980年，北京农业种植结构发生了较大的变化，但是无论从农作物播种面积的绝对数还是从农作物播种面积的相对数上来看，粮食作物的播种面积仍然是北京市农业播种面积最大的农作物。

据北京市水利科学研究所所推荐的作物灌溉定额：水稻$11.1\times10^3m^3/hm^2$、冬小麦夏玉米两茬平播$3.6\times10^3m^3/hm^2$、其他粮食作物$1.72\times10^3m^3/hm^2$、露地蔬菜$11.1\times10^3m^3/hm^2$、设施蔬菜$8.25\times10^3m^3/hm^2$。因此，在节水型结构调整方面，北京近年来大力缩减水稻种植面积比例，增加玉米和小麦等相对低耗水耐旱作物种植比例，《意见》调整的重点为调减高耗水粮食生产面积，粮田将逐步有序退出生产性小麦种植，取而代之以“生态作物+雨养旱作作物”等4种节水农田模式。在调减高耗水粮食生产面积的同时，地下水超采区内的蔬菜种植基本保持稳定，其调整重点不在于面积增减，在于转变发展方式，引导规模化种植、养殖园区实现高效节水，逐步清退不符合相关发展规划的散户。

（四）农业万元GDP用水量变化趋势

2001—2015年，北京市在农业GDP年均增长4.37%的情况下，通过结构调整，加强用水管理，以农业用水量的减少支撑了农业经济社会的较快发展。从图10-3可以看出，北京农业万元GDP水耗直线下降，最近15年年均下降10.7%，已从2001年的860.5m³/万元下降至2015年的176.5m³/万元。

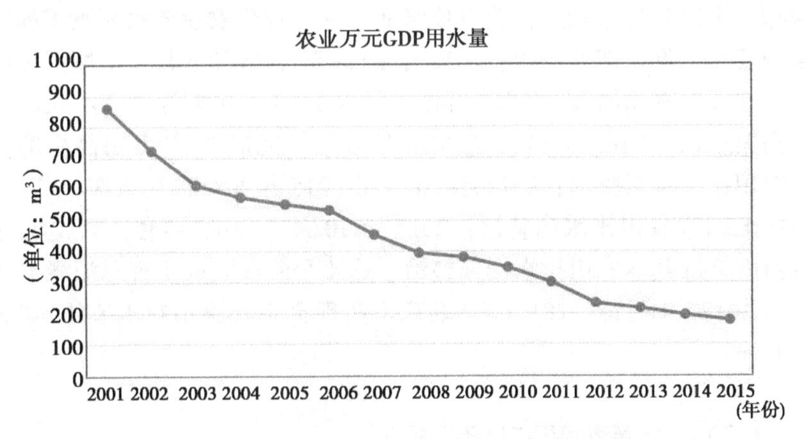

图10-3　北京市农业万元GDP用水量趋势变化

资料来源：根据北京统计年鉴2016相关数据计算得来

二、北京市节水农业发展成效

北京市是资源型重度缺水的特大城市，历届市委、市政府高度重视农业节水工作，坚持“向观念要水、向机制要水、向科技要水”

的理念，加大节水工程建设力度，合理利用再生水、雨洪水等非传统水资源，建立农民用水者协会和管水员队伍，完善农业节水技术服务体系，北京市节水农业取得了显著成效。

（一）持续推进节水农业工程建设

近十多年来，京郊节水农业建设步伐加快，以设施农业、精品果园和基本农田为重点，不断加大节水工程建立力度。《关于印发北京市水利工程建设实施方案（2012—2015 年）的通知》（京政发〔2012〕44 号）要求利用 4 年左右时间，全市动员、全民参与、全力保障，坚决打好水利工程建设攻坚战。其中现代农业节水灌溉工程建设内容与工期分四个阶段：2012 年 10 月至 2013 年 6 月，新增都市型现代农业节水灌溉面积 15.7 万亩，完成 11.8 万亩高标准基本农田排水沟渠整治；2013 年 10 月至 2014 年 6 月，完成 33.7 万亩高标准基本农田排水沟渠整治；2014 年 10 月至 2015 年 6 月，完成 33.9 万亩高标准基本农田排水沟整治；2015 年 10 月至 2015 年底，完成 32.6 万亩高标准基本农田排水沟渠整治。这 4 个阶段完成工程总灌溉节水面积为 127.7 万亩。2015 年，北京市实现全年农业用新水节约 4 000 余万 m^3。

（二）节水灌溉面积占比不断提高

近年来，北京市农田水利建设取得明显成效。按照国家节水技术规范，北京已发展节水灌溉面积近 200 千 hm^2，其中，管灌约 130 千 hm^2，喷灌约 42 千 hm^2，微灌 11 千 hm^2，渠道防渗 20 千 hm^2。2015 年，北京农业有效灌溉面积已达 137.4 千 hm^2，占总播种面积的 79.1%（表 10-3）；农田灌溉水利用系数达到 0.701，远高于全国 0.53 的平均水平。同时，全市还统筹农田水利建设、土地整理、农业综合开发、都市现代农业布局，通过调整种植结构、加强农业机井管理、建设一批高标准农业节水园区等措施，合力推进农业节水工作。

表 10-3　北京市节水灌溉及比重

年份	总播种面积（khm^2）	有效灌溉面积（khm^2）	节水灌溉面积（khm^2）	有效灌溉面积占播种面积比重（%）	节水灌溉占播种面积比重（%）
2000	457.3	328.2	409.7	71.77	89.60
2001	386.4	322.7	273.8	83.50	70.86
2002	342.0	316.7	293.5	92.61	85.82
2003	308.8	178.9	311.1	57.93	100.73
2004	312.5	186.7	301.4	59.74	96.45
2005	318.0	181.5	309.2	57.07	97.24
2006	319.5	181.5	320.9	56.81	100.42
2007	295.0	173.6	305.3	58.84	103.48
2008	322.0	241.7	286.6	75.05	89.00
2009	320.1	218.7	276.6	68.32	86.40
2010	317.3	211.4	285.5	66.64	89.99
2011	302.6	209.3	285.8	69.18	94.45
2012	282.7	207.5	285.8	73.41	101.09
2013	242.5	153.0	203.6	63.11	83.97
2014	196.1	143.1	186.3	72.97	95.00
2015	173.7	137.4	197.2	79.10	113.53

资料来源：各年份中国农村统计年鉴

（三）高效节水技术快速发展

农业节水技术的发展与推广对农业用水量的持续减少功不可没。北京市农业瞄准 2020 年农业用水量减少 2 亿 m^3 的目标，综合使用多种节水灌溉措施，实施蔬菜、粮经、畜牧、渔业高效节水工程，推广菜田高效精量节水、菜田简便实用节水、旱作农业生产、灌溉区大田作物节水、畜牧业高效节水、渔业高效节水等节水模式，采取微灌施肥、节水品种、覆盖保墒、膜面集雨等31项农业节水助推技术。目前，北京市节水农业基本形成了以滴灌、膜面集雨专用、有机培肥保墒、肥微灌施肥等为代表的农艺节水技术、以测土配方施肥为代表的管理节水技术，并且已在各农业示范园区推广开来，实现农业节水与农民增收双赢。

据不完全统计，2015年北京市种植业（不含果树）推广应用高效节水技术90.4万亩次，实现总节水3 475万 m^3。其中，粮食高效节水技术47.9万亩，总节水1 770万 m^3，以高效灌溉技术（喷灌、微喷）为核心，配套节水品种、水肥一体化、秸秆覆盖保墒和深耕蓄水保墒四大农艺节水技术。推广蔬菜高效节水技术42.5万亩次，总节水1 705万 m^3，主推微灌和覆膜沟灌两种节水模式，配合高效灌溉制度、水肥一体化、地膜覆盖、培肥保墒等技术。

三、北京市农业用水存在的主要问题

（一）农户节水水平较低，可持续发展意识淡薄

由于现阶段农村老龄化现象普遍，节水技术和设备的使用主体大多在45岁以上，文化程度较低，对熟练操作和使用节水设备存在一定的困难，尤其是对一些操作较为复杂节水新技术、新设备难以掌握。而且，受传统生产方式、文化程度和经济条件的限制，作为节水主体的农民，大多缺乏节水意识，可持续发展意识淡薄。尤其是当前农业水价普遍偏低，导致水资源的浪费成本很低，一些地方虽然征收水费，收缴率也很低。水费支出占农民生产投入的比例也很小，长年

来造成农民节水意识不强。此外，受传统灌溉观念的影响，农民认为灌溉就要把地浇透，对于先进的节水灌溉方式和灌溉制度不了解、不熟悉，致使一些灌溉工程不能发挥应有的效益。

（二）农业节水技术仍需进一步提高

当前，我国节水设备在使用过程中存在水质差、肥料溶解性差、过滤系统不配套，灌溉设备容易堵，设备与供水情况不符，节水设施寿命有限，阀门和过滤网容易损坏等一系列问题。而且，只有少数农业高科技示范园区引进了国外先进的全自动控制灌溉系统，大部分灌溉设备基本上处于手动或半自动控制水平，与国外同类产品相比还有很大的差距。一些类似于智能灌溉系统的产品，虽然取得了初步成效，但其整个系统的配套性、精确性和稳定性还相对较差。另外，灌溉用水监测和计量有待加强，农田灌溉水的准确计量是鼓励生产主体应用节水技术的基础，但是仍然有很多地方没有安装水表，无法核定实际用水量，不利于监管。

（三）农业节水管理体制与机制不完善

面对严峻的水资源形势，北京市在节水灌溉工程管理上，还没有建立起一套良性的管理体制与运行机制。目前，北京市末级水务管理工作主要在基层水务站，由于体制、人员素质等原因，使得农业用水的监管制度还不完善，监管力度不够深入，农业节水技术推广和服务工作的针对性和有效性不强，节水灌溉制度宣传力度不够，农业节水的咨询和服务体系也没有完全建立起来。

（四）农业节水科研成果转化不足

节水设施虽然很多以政府一次性投资建设为主，但后期设备的维护却长期缺乏资金、人员和技术队伍，一旦设备出现故障，没有后续维修，更换设备成本高，设备不容易购置，大部分农民因此弃用节水设备，造成资源浪费。并且许多设备销售公司只是销售设备，不提供安装及设备使用指导服务，节水设施安装之后的技术指导，就由当地农业技术推广站的科技人员对农民进行培训指导。但在实际生产过程中，普遍存在着技术指导不到位，许多农民对节水设备的性能及合理使用程序缺乏充分了解，甚至部分农户仍然根据自己的生产经验灌溉，“重建设，轻管理”的问题一直存在，导致许多农业节水科技成果还未转化为生产力。

四、制约节水农业发展的理论和现实解释

（一）农业节水具有外部性，农户缺乏节水动力

由于水资源的稀缺性和区域有限性，通过农业节水节省出的水资源，可用于工业、居民生活以及生态方面，既可以增加工业总产值又可以改善生态环境，提高整个社会的福利水平。但是，由于节水行为所具有的正外部效应，使得农民所获得的私人利益往往小于社会利益，作为理性经济人，农户没有主动节水的动力，使得农民缺乏节水的积极性，水资源不能得到有效的配置。

（二）法律法规不健全，存在政策空白点

虽然总体来说，当前我国以《中华人民共和国水法》为核心，形成了与农业水资源保护有关的基本法律法规，并有相应的具体规范通过行政法规、部门规章、规范性文件等形式相继出台，包括《中华人民共和国环境保护法》《中华人民共和国水土保持法》以及国务院颁布的保护农业水资源的规范性法律文件、地方性法规、水利部等部门规章和地方政府规章等。但是，在节水政策文件中，多以宏观指导性为主，涉及农业用水管理的内容大都比较笼统，对具体操作层面和资金扶持领域的指导不足，尚未制定具体的节水措施和管理体系，也没有明确各利益相关者的责任，在可操作性方面有一定的欠缺，导致现在“口号多，行动少”的局面。

（三）有效的管理机制未建立，缺乏监督管理

农业水资源是一个复杂的水循环系统，需要统一的管理体系以及政府各个部门的合作。但是，目前水资源管理体系是一种交叉管理体系，形成了多头领导的局面，很容易产生矛盾，水利管理部门利益目标和地方政府利益目标的差异，会造成两者在行动上的不一致，而水管部门却缺乏足够的权力来对地方政府进行约束。在区域管理上，城乡分割、二元结构问题严重；在功能管理上，部门分割；在依法管理上，政出多口，缺乏对农业水资源的统一规划、配置和保护。

（四）宣传培训不到位，尚未形成良好的社会氛围

宣传培训是提高相关人员认知水平、营造良好社会氛围、争取多方理解与支持的关键性工作。2012 年出台的《国务院关于实行最严

格水资源管理制度的意见》，强调要广泛深入开展基本水情宣传教育，形成节水用水、合理用水的良好风尚。2015 年 6 月水利部、中宣部、教育部和共青团中央联合印发《全国水情教育规划（2015—2020 年）》，系统化的水情教育开始启动。但是，据清华大学课题组 2013 年针对农村水情意识现状的调查，得出农户水情意识大多仍在相对较低层次，对节水制度等方面的了解相当缺乏；节水态度和行为欠缺，甚至超过三成的农户不同意实施最严格的水资源管理制度。本单位课题组在对京郊农户节水行为的实证调研部分也验证了这一结论，因此，亟须加强宣传培训，调动农户节水积极性。

参考文献

曹生群 . 2016. 北京市房山区农业水价综合改革试点的实践和探索 [J]. 水土保持应用技术（01）：19-21.

单军，于占成，王健 . 2017. 推进北京农业水价综合改革难点及对策建议 [J]. 中国水利（04）：25-26+64.

冯献，李瑾，郭美荣 . 2017. 基于节水的北京设施蔬菜生产效率及其对策研究 [J]. 中国蔬菜（01）：55-60.

乔洪民，栗卫清，何忠伟 . 2016. 北京农业水资源利用率探析 [J]. 科技和产业，16（07）：11-14.

王庆，张辉 . 2013. 我国农业节水发展问题的几点思考 [J]. 河北大学学报（哲学社会科学版），38（04）：108-113.

赵姜，龚晶，孟鹤 . 2016. 发达国家农业节水生态补偿的实践与经验启示 [J]. 中国农村水利水电（10）：56-58.

左利娟，朱建国，范晓光，等 . 2015. 大兴区节水农业发展研究 [J]. 北京农业职业学院学报，29（06）：12-15.

（主笔人：赵姜）

报告11　京津冀地区农业全要素用水效率及影响因素分析

一、前言

京津冀属于典型的资源型缺水地区，以不到2.3%的国土面积和0.7%的水资源承载了全国8%的人口和11%的经济总量。当前，京津冀地区人均占有水资源仅为197m^3，低于全国平均水平的1/10，世界平均水平的1/40，是我国水资源环境严重超载的区域。随着经济社会发展，水资源需求仍将不断增加，“水危机”已成为制约京津冀协同发展的首要“瓶颈”，如何解决水资源的有效利用是京津冀地区实现可持续发展面临最大的挑战。十八大以来，我国政府高度重视水资源高效利用问题，明确提出要转变水资源利用方式，提高水资源利用效率，并出台最严格的水资源管理制度，制定了“用水效率控制红线”，由此可见，大力提升用水效率已成为现阶段缓解京津冀地区缺水困境的重要战略举措。

农业是京津冀地区的第一用水大户，占整个区域用水量的60%以上，其中，河北省的农业用水甚至高达70%，这与高收入国家43%的平均水平存在较大差距。值得关注的是，虽然近年来政府积极推进京津冀地区节水农业的发展，但农业用水方式粗放、管理混乱、效率低下等现象还没有得到根本性扭转，水资源短缺与浪费并存进一步加剧了区域农业用水的严峻形势。在水资源水环境承载力的“刚性约束”下，除了积极保护现有水资源之外，更亟须改变农业用水的传统观念，提高农业用水效率。

以往对农业用水效率的研究多集中在农学和生态学领域，采用水分生产率、灌溉水利用系数、生态足迹等田间实验指标来衡量单位水资源的产出数量或收益，更关注于自然科学层面上的农业科学技术改进或农田水利基础设施建设。随着农业用水比例的逐年减少，水资源的稀缺性和价值越发凸显，越来越多的专家学者开始考虑如何在既定的农业产出下实现最少的用水投入，本质上就是衡量农业用水的技术效率，于是出现了大量在经济学意义上的农业用水效率的研究。在农业经济学领域，关于农业用水效率的研究主要从 2 个层面展开：一是基于微观农户调查数据的农业用水效率研究；二是基于全国或省级农业生产数据的用水效率研究。然而，现有文献较少从区域层面开展农业用水效率的研究，对京津冀地区农业用水效率的研究则几乎没有，要么只是单独对北京市、天津市和河北省三地的农业用水现状、存在的问题进行概述，要么是单要素框架下对单位水资源的农业经济产出进行分析，忽略了劳动力、其他物质投入等多重因素的综合影响。

2016 年，中央农村工作会议提出要着力加强农业供给侧结构性改革，提高农业供给体系质量和效率，提高全要素生产率。在推动京津冀协同发展的大背景下，有必要对京津冀地区的农业全要素用水效率进行科学测算，明晰农业全要素用水效率的空间分布格局和变动趋势特征，厘清其主要影响因素。鉴于此，本文构建超效率 SBM-DEA 模型，从经济研究的角度将水资源纳入经济变量，在全要素生产框架下测算 2000—2013 年京津冀地区的农业用水效率，并借助面板 Tobit 模型检验自然禀赋、水利设施、人力资本以及农业规模等因素对农业用水效率的影响，找出提升京津冀地区农业全要素用水效率的方向和对策，以期为京津冀地区进一步加强农业用水管理、提升农业用水效率提供参考依据，有助于纾解京津冀地区严重缺水和粗放用水的主要矛盾。

二、京津冀地区农业全要素用水效率测定

（一）模型设定与分析方法

学术界根据生产前沿理论测算生产效率的方法主要有两类：一类是以数据包络分析（Data Envelopment Analysis，DEA）为代表的非参数方法；另一类是以随机前沿生产函数分析（Stochastic Frontier Analysis，SFA）为代表的参数方法。根据李双杰等（2009）的研究，对于面板数据，SFA 是依据所有周期的数据仅构造出一个统一的生产前沿，而 DEA 是每个周期各构造一个生产前沿，因此，SFA 更适合大样本微观数据计算，而 DEA 则适合小样本宏观数据估计。本研究的数据来源都来自于宏观统计数据，并且重点关注于北京市、天津市和河北省这 3 个地区样本，适宜采用 DEA 方法。

传统的 DEA 模型存在效率得分不大于 1 的约束条件，导致评价结果不能反映出效率值等于 1 的多个相对有效决策单元的差别，无法将所有的决策单元效率进行排列，造成评价结果的不准确。超效率 DEA 则进一步优化了效率评价的方法，消除了效率值小于等于 1 的约束，从而可以区分原来效率值等于 1 的决策单元。在农业用水效率评价方面，佟金萍等（2014，2015）运用超效率 DEA 分别对全国 30 个省份和长江流域 10 个省份的农业用水效率进行了研究，但采用的都是以径向测算（radial measure）为基础的 Super CCR 模型，即均是基于投入产出的比值来进行效率评价，忽视了松弛变量对评价结果的影响，度量的效率值是有偏的或是不准确的。Tone 于 2002 年提出了非径向的基于松弛变量的超效率 SBM-DEA 模型（super Slacks-Based

Measure DEA），规避了投入要素同比例缩减的假设条件，并将松弛变量加入目标函数中，同时，考虑投入和产出 2 个方面，消除了因径向和角度选择差异所带来的偏差和影响，将其应用于技术效率测算比较合理。

基于上述原因，考虑到本文所关注的农业用水是作为农业生产的一种基本投入要素，因此，采用基于松弛变量的且能对相对有效决策单元进行排序的超效率 SBM-DEA 模型进行农业用水效率评价①。

（二）农业全要素用水效率

本文借鉴 Hu and Wang（2006）提出的全要素投入效率概念，结合农业生产的特点，将农业全要素用水效率（Total Factor Agricultural Water Efficiency，TFAWE）定义为决策单元达到最优技术效率所需的潜在农业用水投入（Target Agricultural Water Input，TAWI）与实际农业用水投入（Actual Agricultural Water Input，AAWI）的比值，如式（1）所示。

$$TFAWE_{i,t}=\frac{TAWI_{i,t}}{AAWI_{i,t}}=\frac{AAWI_{i,t}-EAWI_{i,t}}{AAWI_{i,t}}=1-\frac{EAWI_{i,t}}{AAWI_{i,t}} \tag{1}$$

其中，$TFAWE_{i,t}$表示第 i 个省（市）在 t 时间的农业全要素用水效率；$AAWI_{i,t}$表示实际的农业用水投入数量；$EAWI_{i,t}$表示超额的农业用水投入数量；$TAWI_{i,t}$表示潜在的农业用水投入数量，即在当前农业生产技术水平下，为实现一定农业产出所需要的最优或最少的水资源投入数量。相对于传统的农业用水生产率指标，农业全要素用水效率是在综合考虑水资源投入和其他生产要素投入的全要素生产框架下，衡量当前农业用水投入与最优可实现农业用水投入之间关系的一个相对更优的指标。

---

① 超效率 SBM-DEA 模型公式略。

（三）变量选取与数据处理

京津冀地区包括北京市、天津市和河北省的11个地级市，为了进一步比较京津冀地区与全国平均水平的农业用水效率，所以，本文选取京津冀地区、全国5个决策单元，建立2000—2013年5个单元的面板数据。由于DEA方法是通过构建生产前沿面来进行投入产出的相对有效性评价，考虑到省（市）、区域、全国三者间数量级相差较大，本文的投入和产出变量都采用单位面积数据，不仅可以消除决策单元的性质差异性，而且将农业生产中的可变投入要素与土地资源独立开来，能够更为准确地反映用水效率。

具体在变量选取方面，本文涉及的农业用水投入为农林牧渔业用水总投入，为保持统计口径的统一，因而，将农林牧渔总产值作为农业产出变量，并以2000年为不变价格进行折算。农业投入变量包括每公顷播种面积的化肥使用量、农业机械总动力、农林牧渔业的就业人数和农业用水量。

（四）实证结果分析

利用MAXDEA软件，采用投入导向型且规模报酬不变的超效率SBM-DEA对京津冀地区及全国的全要素农业用水效率进行测算，结果如表11-1。

表11-1　京津冀地区及全国全要素农业用水效率

年份	北京	天津	河北	京津冀地区	全国
2000	1.00	1.09	0.81	0.84	0.56
2001	1.00	1.40	0.84	0.88	0.56
2002	1.00	1.11	0.77	0.81	0.48

（续表）

年份	北京	天津	河北	京津冀地区	全国
2003	1.04	0.96	0.69	0.73	0.47
2004	1.13	0.89	0.70	0.74	0.45
2005	1.26	0.80	0.71	0.74	0.47
2006	1.28	0.78	0.70	0.72	0.45
2007	1.34	0.74	0.70	0.72	0.46
2008	1.27	0.79	0.75	0.77	0.46
2009	1.28	0.78	0.73	0.75	0.45
2010	1.09	0.92	0.73	0.76	0.46
2011	1.18	0.85	0.73	0.75	0.44
2012	1.30	0.77	0.66	0.69	0.39
2013	1.39	0.72	0.68	0.70	0.39

从表11-1可以看出，2000—2013年京津冀地区TFAWE整体维持在0.7左右，明显高于全国水平。就京津冀地区来看，北京市和天津市的TFAWE值一直高于区域总体水平，而河北省的TFAWE值则一直低于区域总体水平。其中，北京市的TFAWE值均高于1，保持在农业用水前沿面，远远领先于其他省份，表明北京市的农业节水技术水平较高。天津市的TFAWE则呈现下降趋势，2000—2002年天津市的TFAWE值大于1且高于北京市，2003年后天津市的TFAWE持续降低，虽然2010年升高至0.92，但一直落后于北京市。

由下页图可知，北京市和天津市的TFAWE方差较大，说明这2个地方的TFAWE值在2000—2013年不稳定，各年之间差距较大，结合前文分析结果得出近14年，北京市农业全要素用水效率提升较快，而天津市农业全要素用水效率下降较快。全国的TFAWE方差很小但是效率值很低，说明我国整体的农业用水效率提升缓慢，农业节

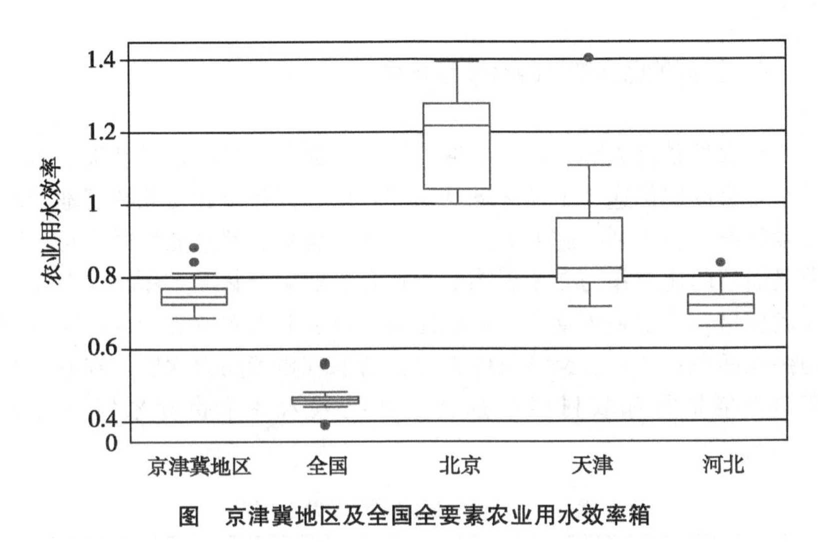

图 京津冀地区及全国全要素农业用水效率箱

水存在较大潜力。从分位数上看，北京市的分位数居首，其次是天津市，随后是京津冀地区和河北省，全国的分位数最低，其中，效率值最高的北京市（14 年均值为 1.18）比全国平均水平（14 年均值为 0.46）高出 2.5 倍，TFAWE 值存在较大差异。

三、京津冀地区农业全要素用水效率影响因素分析

上述研究利用超效率 SBM-DEA 计算了京津冀地区 2000—2013 年的农业全要素用水效率，并分析了省区间差异及年际间趋势，在宏观层面上了解了京津冀地区农业水资源实际利用状态与有效配置理想状态之间的差距。为了进一步摸清这种差距存在的原因及影响因素，本文将基于前人研究和数据的可获得性，系统考察自然条件、水利设施、农业生产状况、社会经济条件等具体因素对北京市、天津市和河北省三地全要素农业用水效率的影响程度。

（一）影响因素变量的选择与说明

在自然条件方面，本文选取人均水资源量、年降水量和地下水占供水总量的比例这 3 个指标来反映北京市、天津市和河北省三地的水资源状况；在水利设施方面，选取水库总容量、节水灌溉面积与有效灌溉面积的比值作为 2 个影响变量；在农业生产状况方面，选取 3 个代表变量，分别是粮食蔬菜面积比值、牧渔业占农业总产值比重及户均耕地面积；在社会经济条件方面，选取农村劳动力素质、农业生产资料价格指数和农村居民家庭人均纯收入 3 个指标来代表（表 11-2）。

表 11-2　相关影响因素及效应假定

变量符号	变量名称及含义	数据来源	效应假设
LN（PW）	人均水资源量（m^3/人）	各年份《中国统计年鉴》	-
LN（YW）	年降水量（亿 m^3）	各年份《中国水资源公报》	不确定
GW	地下水占供水总量的比例：地下水与供水总量的比值	各年份《中国统计年鉴》	+
LN（RE）	水库总库容量（亿 m^3）	各年份《中国统计年鉴》	-
WS	节水灌溉面积与有效灌溉面积比值：用于衡量各地区农业节水技术应用情况	各年份《中国农业年鉴》《中国水利年鉴》	+
FV	粮食蔬菜面积比：粮食作物播种面积与蔬菜播种面积的比值	各年份《中国统计年鉴》	不确定
SF	牧渔业占农业总产值比重：牧业、渔业总产值之和与农林牧渔业总产值的比值	各年份《中国统计年鉴》	-
PL	户均耕地面积（hm^2/户）：耕地面积与乡村户数的比值	各年份《北京农村统计资料》《天津统计年鉴》《河北农村统计年鉴》	+

（续表）

变量符号	变量名称及含义	数据来源	效应假设
HR	农村劳动力素质：根据各地区农村居民家庭劳动力文化状况计算得出	各年份《中国农村统计年鉴》	+
P	农业生产资料价格指数：以2000为基期进行折算（2000年=1）	各年份《北京农村统计资料》《天津统计年鉴》《中国统计年鉴》	+
LN（INC）	农村居民家庭人均纯收入（元）：以2000年为基期进行折算	各年份《中国农村统计年鉴》	-

注：预期方向中“+”表示该指标与全要素农业用水效率正相关，“-”表示该指标与其负相关。

在影响变量的效应假设中，张力小等发现资源禀赋与资源利用效率之间存在负相关关系，因此，假设人均水资源量影响效应为负；年降水量充足，一方面可能导致农户节水意识差；另一方面也有利于减少灌溉用水，故影响效应不确定；佟金萍等认为地下水灌溉可以减少输水时间和输水损失，提高灌溉效益，因此，假设供水总量中地下水所占比例与农业用水效率正相关；水库作为储水设施，其容量扩大可能会改变人们的用水预期，所以，假设水库容量对用水效率的影响效应为负；一般认为节水灌溉面积的增加可以促进水资源的有效利用，因此，假设节水灌溉面积与有效灌溉面积的比值对农业用水效率的影响效应为正；另外，通常耗水种养比例越高，用水效率就越低，由于京津冀地区粮食和蔬菜各自的耗水量难以准确估算，因此，种植结构对农业用水效率的影响方向不确定，而牧渔业所占比重的影响效应则假设为负；农业生产规模扩大可能有助于推广节水灌溉设施，文化程度高的农户更可能具备节水意识和掌握节水技术，而受成本限制，农业生产投入要素价格的提高在一定程度上会刺激生产者的节水积极性，但是收入较高的生产者则可能不会对农业节水投入过多精力，因此，假设户均耕地面积、农村劳动力素质和农业生产资料价格指数的影响效应都为正，农村居民家庭人均纯收入的影响效应为负。

（二）模型设定与结果分析

由于基于超效率 DEA 测算的农业用水效率是一个大于 0 的受限变量，最小二乘回归方法会产生有偏和不一致的估计结果，因此，本文采用处理受限变量的面板 Tobit 模型，分析全要素农业用水效率和影响因素之间的关系为：

$$TFAWE_{it}=\beta_0+\beta_1 LN(PW_{it})+\beta_2 LN(YW_{it})+\beta_3 GW_{it}+\beta_4 LN(RE_{it})+\beta_5 WS_{it}+\beta_6 FV_{it}+\beta_7 SF_{it}+\beta_8 PL_{it}+\beta_9 HR_{it}+\beta_{10} P_{it}+\beta_{11} LN(INC_{it})+\varepsilon_{it}$$

其中，$TFAWE_{it}$表示第 t 年第 i 地区的全要素农业用水效率，β_0，β_1，…，β_{11}为待估参数，ε_{it}为随机误差。利用 STATA14.0 采用随机效应面板 Tobit 模型进行运算，结果见表 11-3。

表 11-3　京津冀 TFAWE 影响因素的面板 Tobit 模型估计结果

影响因素	系数	Z 值	P 值
LN（PW）	-0.087	-1.172	0.241
LN（YW）	0.0351	0.329	0.742
GW	2.032***	3.591	0.000
LN（RE）	-0.677***	-4.197	0.000
WS	0.0486	0.48	0.631
FV	0.0254	1.272	0.203
SF	-1.407**	-2.259	0.024
PL	-4.733***	-4.123	0.000
HR	-0.313*	-1.873	0.061
P	0.484**	2.021	0.043
LN（INC）	-0.735***	-2.68	0.007
Constant	11.98***	4.456	0.000

（续表）

影响因素	系数	Z值	P值
Log likelihood	44.09882		
Wald chi2	267.45***	/	0.000

注：*、**、*** 分别表示在1%、5%和10%的水平上显著

模型的似然比检验和Wald检验都拒绝了原假设，拟合优度在99%以上，回归效果较好。具体对各因素的影响效应讨论如下。

（1）在自然条件方面，人均水资源量与农业全要素用水效率负相关，这与前文判断的预期方向一致，虽然其在统计上并不显著，但印证了佟金萍等（2015）的研究发现；年降水量影响效果不显著，这可能是由于京津冀三地属于同一地理单元的关系；供水结构中地下水比例对农业全要素用水效率有显著正向作用，这也与诸多学者的研究结论一致。

（2）在水利设施方面，水库容量与农业全要素用水效率呈显著的负向关系，这与王学渊等（2008）的研究结果一致，表明水资源贮存力的提高可能会降低农民节约用水的积极性；节水灌溉面积与农业全要素用水效率虽然存在正相关关系，但十分不显著，在一定程度上反映出节水灌溉面积并不能代表节水技术的真正应用情况。

（3）在农业生产状况方面，粮食蔬菜面积比与农业全要素用水效率呈正向关系，但并不显著；牧渔业占农业总产值的比重与农业全要素用水效率呈显著的反向关系，这与预期方向一致；户均耕地面积与农业全要素用水效率存在显著的负相关，不仅与预期方向相反，也与刘七军等（2012）基于内陆干旱区农户的微观调查结果相反，这可能是由于北京市、天津市的城市化率较高，耕地资源十分稀缺，户均规模普遍较小，但农业生产管理精细化程度较高。

（4）在社会经济条件方面，农业生产资料价格指数和农村家庭人均纯收入对农业全要素用水效率的影响符合前文的预期，分别存在

显著的正相关关系和负相关关系；然而，农村劳动力素质与农业全要素用水效率却存在显著的负相关关系，这与先前的预期方向不一致，分析原因可能是京津冀地区教育水平较高的农户，更倾向于把精力投入到具有更高投资回报率的非农产业，节水意识缺失，导致其农业用水方式比较粗放，用水效率得不到提高，也间接验证了前人研究的非农收入与资源利用效率存在负相关关系的观点。

四、主要结论与启示

本文基于经济学视角，运用投入导向型且规模报酬不变的超效率 SBM-DEA 模型，对 2000—2013 年的京津冀地区农业全要素用水效率进行评价，并进一步采用受限随机效应面板 Tobit 模型研究了京津冀三地农业全要素用水效率的影响因素，得出以下主要结论与启示。

（1）在区域层面，近年来京津冀地区整体的农业全要素用水效率约为 0.7，虽然明显高于全国平均水平，但在产出、技术及其他投入要素保持不变的情况下，达到当前农业产出仍可减少 30%的农业用水量，京津冀农业全要素用水效率存在一定的提升空间。

（2）京津冀三地中，北京市的农业全要素用水效率呈现上升趋势，并且基本上都处于生产前沿；天津市的农业全要素用水效率虽然有所下降，但仍高于京津冀区域平均水平；河北省的农业全要素用水效率明显低于北京市和天津市，从而拉低了京津冀区域整体的农业用水效率水平。河北省作为当前京津冀地区农业节水最具潜力的省份，应尽快提高农业用水效率，缩小地区差异，同时，要加强三地农业水资源保护协作，开展农业节水技术的区域推广和应用。

（3）根据 Tobit 模型对京津冀农业全要素用水效率影响因素的研究结果，需要特别指出的是：第一，尽管供水结构中地下水比例有对农业全要素用水效率有显著的正向影响，但在地下水严重超采的现实条件下，绝不能通过使用更多地下水来提高农业用水效率，而应利用相关节水技术手段来减少输水和用水损失；第二，节水灌溉面积虽然能在一定程度上说明节水设施的推广普及情况，但不能反映节水技术的实际应用状况，因此，在提高节水灌溉技术水平的同时更要关注农户在农业生产中是否真正使用了节水设施和采用了节水技术；第三，农村家庭人均纯收入与农村劳动力素质都对农业全要素用水效率有显著的负向影响，在未来京津冀地区推进城镇化的过程中，应从微观层面加强对农户用水行为的科学宣传引导，让农户充分意识当前水资源的紧缺现状，从根本上提高农户自主节水的积极性。

（4）本文实证研究主要是基于宏观统计数据，未来应进一步在京津冀地区开展入户调研，了解农户实际的生产用水情况，对该区域农业全要素用水效率及影响因素进行微观层面的验证。另外，由于农业水价的不确定性和复杂性，本文试图通过农业生产资料资格指数来反映农业水价对农户用水行为的影响，虽然研究结果表明农业生产资料价格指数与农业全要素用水效率呈现显著的正相关关系，但是，以此证明农业水价越高、农业用水效率越高并不合理，因此，在实地调研中如何科学地衡量农业水价对农业用水效率的作用？国家当前推进的农业水价综合改革效果如何？这些问题还有待深入研究。

参考文献

陈志国，刘婷婷，户艳领 . 2015. 环首都地区农业用水利用现状及增效研究——基于河北省的调研分析［J］. 首都经济贸易大学学报，17（4）：27-31.

黄晶，宋振伟，陈阜 . 2010. 北京市水足迹及农业用水结构变化特征［J］. 生态学报，30（23）：6 546-6 554.

黄林楠，张伟新，姜翠玲，等 . 2008. 水资源生态足迹计算方法.

生态学报［J］. 28（3）：1 279-1 286.
李全起，沈加印，赵丹丹 . 2011. 灌溉频率对冬小麦产量及叶片水分利用效率的影响［J］. 农业工程学报，27（3）：33-36.
李睿冉，刘旭 . 2011. 国内外灌溉水利用系数研究进展［J］. 节水灌溉，11：56-58.
李双杰，范超 . 2009. 随机前沿分析与数据包括分析方法的评析与比较［J］. 统计与决策，7：25-28.
刘七军，李昭楠 . 2012. 不同规模农户生产技术效率及灌溉用书效率差异研究［J］. 中国生态农业学报，20（10）：1 375-1 381.
刘玉海，武鹏 . 2011. 转型时期中国农业全要素耕地利用效率及其影响因素分析［J］. 金融研究，7：124-127.
祁葳，张东，宫晓婧 . 2009. 天津水资源现状和农业用水问题研究［J］. 天津农业科学，15（6）：17-19.
佟金萍，马剑锋，王圣，等 . 2015. 长江流域农业用水效率研究［J］. 长江流域资源与环境，24（4）：603-608.
佟丽萍，马剑锋，王慧敏，等 . 2014. 农业用水效率与技术进步：基于中国农业面板数据的实证研究［J］. 资源科学，36（9）：1 765-1 772.
佟丽萍，马剑锋，王慧敏，等 . 2014. 中国农业全要素用水效率及其影响因素分析［J］. 经济问题，6：101-106.
王金霞，徐志刚，黄季焜，等 . 2005. 水资源管理制度改革、农业生产与反贫困［J］. 经济学（季刊），5（1）：189-202.
王梦然，马振兴 . 2014. 华北地区农业用水效率分析［J］. 南方农业，8（27）：78-80.
王学渊，赵连阁 . 2008. 中国农业用水效率及影响因素分析［J］. 农业经济问题，3：10-18.
魏玲玲，李万明 . 2014. 新疆农业用水效率及影响因素分析［J］.

新疆大学学报，42（1）：7-10.
谢建国.2006. 外商直接投资对中国的技术溢出——一个基于中国省区面板数据的研究［J］. 经济学，5（4）：1 109-1 128.
徐朗，黄莺.2012. 农业灌溉用水效率及其影响因素分析［J］. 资源科学，34（1）：105-113.
张力小，梁竞.2010. 区域资源禀赋对资源利用效率影响研究［J］. 自然资源学报，8：1 237-1 247.
赵连阁，王学渊.2010. 农户灌溉用水的效率差异［J］. 农业经济问题，3：71-78.
郑捷，李光永，韩振中.2008. 中美主要农作物灌溉水分生产率分析［J］. 农业工程学报，24（11）：46-50.
周悦，谢屹.2014. 基于生态足迹模型的辽宁省水资源可持续利用分析［J］. 生态学杂志，33（11）：3 157-3 163.
Hall R.，C. Jones. 1999. Why Do Some Countries So Much More Output per Worker than Others［J］Quarterly Journal of Economics，114（1）：83-116.
Hu J. L. and S. C. Wang. 2006. Total-factor Energy Efficiency of Regions in China［J］. Energy Policy，34：3 206-3 217.
Md Hazrat Ali，Lee Teang Shui，Kwork Chee Yan，et al. 2000. Modeling water balance components and irrigation efficiencies in relation to water requirement for double-cropping system［J］. Agricultural Water Management（46）：167-182.
Reinhard，S.，Lovell，K. & Thijssen，G. 1999. Econometric Estimation of Technical and Environmental Efficiency：An Application to Dutch Dairy Farms［J］. American Journal of Agricultural Economics，81：44-60.
Tone K. 2002. A slacks-based measure of super-efficiency in data envelopment analysis［J］. European Journal of Operational Re-

search，143（1）：32-41.

Zhi Wang，Dawit Zerihum，Jan Feyen. 1996. General irrigation efficiency for field water management [J]. Agricultural Water Management（30）：123-132.

（主笔人：赵姜）

报告 12　北京市农村地区能源政策绩效评估实证研究

公共政策绩效评估是依据一定的标准和程序，对政策的效益、效率及价值进行判断的一种评价行为，目的在于将政策价值客观地、定量地加以体现，作为决定政策变化、政策改进和制定新政策的依据。公共政策绩效评估是检验政策效果与效率的重要方式。一项政策的制定，必然要达到一定的目标，政策绩效评估就是通过科学的评价检查政策的目标是否达到，达到何种程度的过程，同时，也对非预期的政策结果作出正确的判断。政策绩效评估可以有效地预防政策失灵，促进社会资源高效利用。政策失灵，一是指政策效果与预期相差很大；二是政策结果虽然达到预期，但成本大于收益；三是虽然达到了预期效果，收益也大于成本，但却带来了负面效果。同时，政策绩效评估可以有效地决定政策取向。政策绩效评估可以对政策取得的效果、政策实施是否解决了公共问题以及政策在制定和执行过程中的不足作出判断，从而为后续政策的发展提供合理的建议。

公共政策绩效评估尽管已经兴起多年，国内也开展了大量的研究，但是尚未受到足够的重视，尤其是管理决策层的重视。本研究以北京市农村地区的“减煤换煤、清洁空气”行动 6 项政策措施为研究对象，开展该项政策的绩效评估研究。一方面，通过剖析政策实施过程解决政策效益与效率的问题，为政府后续决策提供依据；另一方面，通过本项研究，尝试对复杂的农村政策开展评价服务，为其他众多农村政策绩效评估提供方法借鉴。

一、公共政策绩效评估及其方法体系构建

（一）公共政策绩效评估研究进展

公共政策评估兴起于20世纪60年代美国总统林登．约翰逊的“大社会计划”与“对贫困宣战计划”。20世纪70年代中期以后，评估在政策过程中地位日益重要，并成为政府制定政策过程的核心。20世纪80年代以来，世界各地都比较重视公共政策评估工作，公共政策评估理论和实践也得到了进一步的发展，公共政策评估的功能得到不断完善，逐渐在世界各国中成为监督政府公共开支、促进政策系统优化的系统工程。日本、韩国、美国、英国、法国等国家在公共政策绩效评估方面做了大量工作。日本不仅对内阁和政府各部的各项政策进行全面深入的评价，而且对政府各部实施的政策评价进行再评价。英国的政策评估将政府各部门的所有重大开支以及政策在实施之前的各种建议也纳入到评价范围。几乎所有实行市场经济的国家都实施了财政政策评估，美国、荷兰、加拿大、西班牙、德国、丹麦、挪威、澳大利亚、新西兰等国家均实行了环境政策评估，许多国家在住房政策、土地政策、教育政策、产业政策、科技政策的绩效评估方面作了探索，经济合作与发展组织（OECD）对全球及各国的农业政策展开了多方评价研究。

20世纪70年代末80年代初，西方政策科学传入我国。20世纪90年代以来，国内涌现出一批从事绩效评估的学者，通过引进、消化、吸收西方发达国家政府绩效评估的理论和实践，建构我国的政府绩效评估体系。周志忍等将我国政策绩效评估分为3个阶段：以“目标责任制”“效能检查”为特征的第一阶段（80年代至90年代

初)；以“社会服务承诺制与组织绩效评估”“目标责任制的应用”“市民为评价主体”为特征的第二阶段（90年代）；形成了各具特色的我国地方政府绩效评估模式为特征的第三阶段（21世纪以来）。与公共政策评估不同，公共政策绩效评估是指对公共政策行为对目标群体需要、价值与机会的满足程度的评价。或者说，公共政策绩效是在一定时期内政府政策在特定施政领域的成绩与效益，它与政府整体绩效、公共部门绩效、公共项目绩效共同组成现代政府绩效的内容体系。相对于政策评估，公共政策绩效评估更加强调结果导向，更加关注政策目标群体的满意程度。

（二）公共政策绩效评估的方法

20世纪80年代至今是公共政策绩效评估的快速发展期，绩效评估方法被广泛应用于各类公共政策领域。在我国，主要是运用政策试验法来评估改革开放初期实施的重大发展战略和政策，如“经济特区发挥战略”“西部大开发”等。到21世纪，我国的公共政策绩效评估从最初注重对经济战略或经济政策的绩效评估逐步拓展到教育、公共卫生、生态环境、就业、城市竞争力等领域，形成了一系列完整的评估体系，如“小康社会的评价指标体系”“可持续发展战略评价指标体系”“全面建设和谐社会评价指标体系”等。

定性评估、定量评估和综合评估是3种常见的公共政策绩效评估方法。定性评估一般包括价值分析法、专家判断法、对象评定法、自我评定法等，主要凭借评估者的经验对政策绩效的性质、特点、发展变化规律做出判断，适用于不适宜用定量评估方法的政策问题，如教育、福利、卫生、文化、城市发展等。定量评估方法依据统计数据、建立数学模型，并用数学模型计算出分析对象的各项指标及其数值的。主要的定量评估方法有社会指标法、前后对比法、统计抽样法、成本/效益分析法、成本/效能分析法等，适用于容易用数字、数量、建立数理模型等方式来评估其效果的政策，如经济性的财政政策与货币政策等。综合评估就是对公共政策定性绩效和定量绩效的综合评价，主要包括综合评分法、综合指数法、功效系数法、层次分析法、主成分分析法、DEA、模糊综合评价法、聚类分析法、人工神经网络分析法及灰色关联度分析法等。一般来说，宏观的公共政策经常采用综合评估方法。

二、能源政策绩效评估及其方法体系构建

在能源环境政策绩效评估方面，各国都开展了大量研究。如国际能源署（IEA）通过建立“世界能源模型”评价政策行为对能源需求、供应、贸易、投资和减排的影响，从而模拟和预测出改进能源政策可能带来的显著成效。过程分析、计量经济学模型、一般均衡能源模型、综合指数模型等方法被广泛应用于能源政策评估研究中。我国学者主要在建筑节能、企业节能、新能源、可再生能源、城市节能、交通等方面开展了能源环境政策评价研究，综合指数模型法、CGE模型法、随机动态模型、成本—收益分析、层次分析法等方法被广泛采用。但是，针对于农村地区的能源环境政策研究较为欠缺。

目前，对公共政策绩效评估的研究有2种普遍倾向：一种是直接将公共政策绩效评估等同于公共政策评估，忽视了“绩效”的内涵，没有将政策的制定和执行作为一项重要的指标加以评估；另一种是将公共政策绩效评估等同于项目评估，忽视公共政策的本质，从而迷失在效率、成本的泥潭中。前一种倾向不能运用最新研究成果，导致公共政策绩效评估理论和实践创新不足；后一种倾向可能出现绩效越高、后果更严重的悖论。遵循公共政策的公共性这一本质，运用绩效评估最新的研究成果，抓住实现政府责任和公民满意两大核心问题，选择适宜的评估标准建立评估体系，能够有效解决这2种倾向。

北京市的公共政策绩效评估研究主要集中于重大项目、住房、人

口、教育、科技、医疗、环境以及理论方法研究等方面。相对于其他政策，由于农村的情况更为复杂，农村政策在执行过程中难度更大，在进行绩效评价研究时，也更难界定其评价标准、更难识别政策的效益，政策成效的影响因素也更具隐蔽性，因此，其评价研究相对较为欠缺。“减煤换煤、清洁空气”行动作为北京目前最重要的能源环境政策之一，其实施的主要难度在农村地区，采用科学的评价方法开展其政策绩效评价研究，对于保障政策目标实现非常重要。

三、北京市农村地区“减煤换煤、清洁空气”政策绩效评估研究

到 2017 年，北京市清洁空气行动计划将完成第一阶段的任务。这项政策及其 6 项主要措施经过多年的实施，是否达到了预期目标？政策执行过程中存在怎样的问题？产生了怎样的社会影响？政策执行是否高效？未来政策将如何制定与实施？这一系列的问题都亟待解决，并直接影响到未来政策的制定与实施成效。因此，为保障清洁能源使用政策能够在北京市农村地区高效实施并达到良好的效益，非常有必要引入公共政策绩效评估体系对该项政策的阶段性实施情况开展科学的定量评估研究，明确政策成效、辨析问题、指出未来发展的趋势，为政府决策提供理论依据。

（一）评估方法体系的构建

1. 评估体系框架

参考国内外其他能源政策的绩效评估方法，构建北京农村地区“减煤换煤、清洁空气”行动政策绩效评估方法体系，如图 12-1。

（1）政策的目标达成情况（即政策产出）。统计各年度分区县政策任务完成情况以及政策实施后 6 项措施的总体完成情况，分析各项

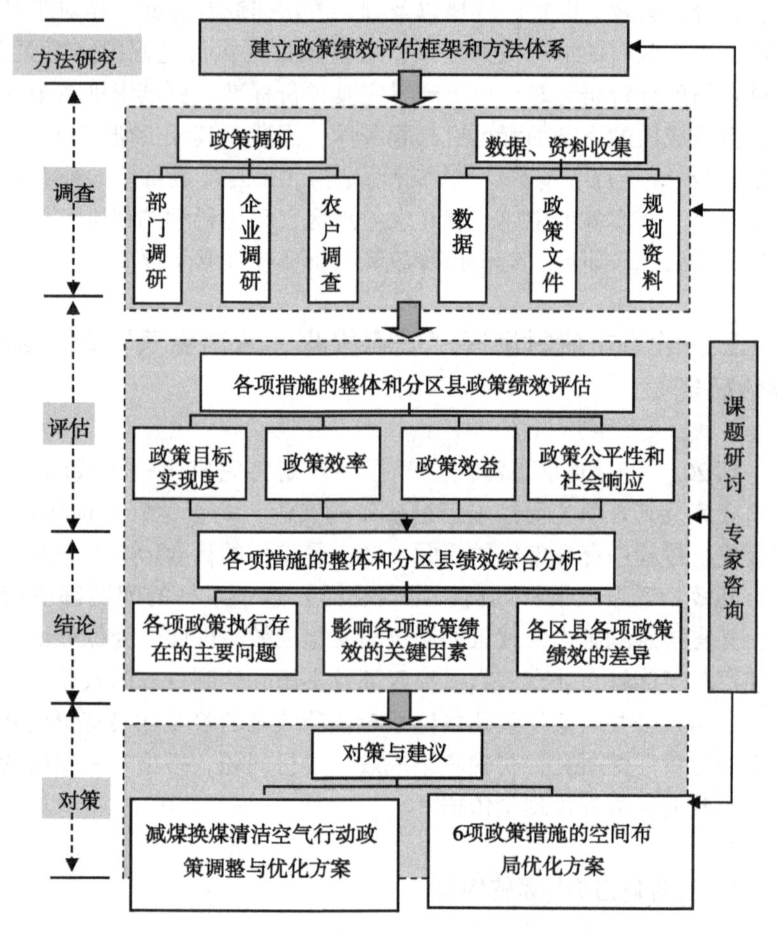

图 12-1　“减煤换煤、清洁空气”行动政策绩效评估体系框架

政策措施的目标执行度。

（2）政策影响。第一，分析政策实施对农村地区能源结构优化的影响，分别从全市农村、区县、乡镇、农户多层面分析清洁能源替代政策对农村能源消费结构的影响，分析农户从政策中的获益。第

二，分析政策实施对区域环境质量的影响，包括节能与减排两方面的影响。

（3）政策的经济性分析。首先是投入分析，估算 6 项措施的成本投入，包括资金的来源与支出、物资和信息的调配与使用、决策者和执行者的数量与工作时间等多方面。其次是收益分析，从减少劣质煤使用量、清洁能源比率、减少二氧化硫排放量、节能四方面开展研究。

政策效率：第一，从单位成本与成本—收益比两方面对政策效率进行评价；第二，分析不同区县之间的政策效率差异，探讨 6 项措施在不同区县推广应用的优先序及适宜性。研究中采用数据包络分析法（DEA 法）进行政策效率分析。

（4）政策的公平性与社会响应。考察政策投入是否在不同群体之间进行了等量分配，政策的实施是否满足了目标群体的需求，公众对政策的响应等。

（5）政策绩效综合评估。基于以上研究，分别从政策自身价值、有效性、外部适宜性、区县差异等方面对 6 项政策措施的绩效进行综合评判。

2. 数据包络分析（DEA）

数据包络分析法（Data Envelopment Analysis，DEA）是一种“数据导向”（data oriented）型用于评价一组同类实体的效率评价工具。DEA 是对效率进行考量的一种非参数方法，是一种前沿面理论，并不是统计学中所讲的集中趋势理论，摆脱了多元统计回归分析的线性及非线性关系假设，易于揭示存在于系统内部，通过其他评价方法归纳不出来的隐藏关系。研究中采用 DEA 法开展“减煤换煤、清洁空气”行动政策的效率分析，不仅可对不同区县的政策相对有效性做出评价与排序，还可以分析形成政策成效差异的原因，从而为决策者提供重要的管理决策信息。

（二）数据基础

依据北京市“减煤换煤、清洁空气”行动工作实施情况，选择优质煤替代、煤改电、煤改气、液化气下乡、住房改造、太阳能利用6项指标作为DEA效率分析的投入指标。依据行动的目标，选择换煤量、SO_2下降率、NO_2下降率、PM 2.5下降率4项指标作为DEA效率分析的产出指标。

以2015年作为评估时间断面，对北京市农村地区“减煤换煤、清洁空气”行动政策实施情况开展调查，获取6项清洁能源替代措施的实施主体、建设规模、区域分布、受众及其覆盖面、能源利用占比、配给方式、政策补偿机制以及各项措施的成本等数据。对能源消费情况开展调查，获取政策实施前后北京市农村地区能源消费构成、农户生活能源消费构成及其成本等数据。区县年均SO_2、NO_2和PM 2.5浓度数据来自2014年和2015年《北京市环境状况公报》。

（三）政策效率分析

1. 减排SO_2和NO_2效率分析

清洁空气、减少气体污染物排放是“减煤换煤”工作的最终目的。为了解“减煤换煤、清洁空气”行动对北京市及各区县燃煤污染物排放的影响，研究中分析了各项措施对各区县大气中SO_2、NO_2和PM 2.5年均浓度的影响。基于投入/产出的DEA分析显示，2015年，海淀、石景山、门头沟、密云和延庆5个区的“减煤换煤”6项措施在减排SO_2、NO_2和PM 2.5方面获得了很好的效果，丰台区也取得了一定的成效。其他区县在降低SO_2和NO_2年均浓度方面普遍效率较低，主要表现为纯技术效率不高而规模效率较高，说明现有投入严重不足，需要继续大力加大投入来提高减排SO_2和NO_2的效率值（表

12-1）。

表 12-1　2015 年北京市“减煤换煤”行动减排 SO_2 和 NO_2 效率

	综合效率	技术效率	规模效率	备注
朝阳区	0. 381	0. 464	0. 821	irs
海淀区	1	1	1	—
丰台区	0. 831	0. 997	0. 833	irs
石景山	1	1	1	—
大兴区	0. 184	0. 226	0. 817	drs
顺义区	0. 084	0. 15	0. 563	irs
通州区	0. 274	0. 346	0. 793	irs
房山区	0. 119	0. 142	0. 837	irs
昌平区	0. 247	0. 296	0. 835	irs
门头沟区	1	1	1	—
平谷区	0. 263	0. 291	0. 903	irs
密云县	1	1	1	—
怀柔区	0. 281	0. 362	0. 776	irs
延庆区	1	1	1	—
全市	0. 016	0. 019	0. 835	irs

注：采用 BCC 模型；表中 irs 表示规模收益递增，drs 表示规模收益递减

2. 综合效率

综合效率是基于优质煤替代、煤改电、煤改气、液化石油气下乡、住房改造、太阳能利用 6 项投入措施对减煤、减排 SO_2、NO_2 和 PM 2. 5综合作用的效率评估。研究中考虑到较多区县在 2015 年没有实施液化气下乡和住房改造 2 项工程，因此，仅保留了其他 4 项投入指标，DEA 评估的效率值如表 12-2 所示。可见，在各区县间同时开展的“减煤换煤、清洁空气”行动 4 项基本措施取得了不同的减排效果。朝阳、海淀、丰台、石景山、房山、门头沟、密云、延庆 8 个

区县的实施效果接近，各项投入都取得了较好的减排效果。大兴、顺义、通州、怀柔 4 个区均为技术有效；其中，大兴区和通州区呈现规模收益递减的趋势，建议保持现有投入力度，加大资金的有效配置；顺义区和怀柔区呈现规模效益递增趋势，建议根据实际情况适当增加投入和产出，以提高减排效率。昌平区和平谷区的技术效率和规模效率均为 DEA 无效，冗余分析表明，这 2 个区县呈现明显的投入过剩和产出不足，尤其是优质煤替代的投入过剩，在今后的项目实施中要严抓专项资金有效配置的问题。

从全市来说，尽管综合效率没有达到有效，但是纯技术效率达到了有效，说明项目的投入和产出达到了平衡，冗余分析表明其每一项投入和产出都不需要进行调整，“减煤换煤、清洁空气”行动获得了既定的减排效果，但是整项工程的规模太大而影响了其综合效率值。

表 12-2　2015 年北京市“减煤换煤、清洁空气”行动综合效率

	综合效率	技术效率	规模效率	备注
朝阳区	1	1	1	—
海淀区	1	1	1	—
丰台区	1	1	1	—
石景山	1	1	1	—
大兴区	0.977	1	0.977	drs
顺义区	0.7	1	0.7	irs
通州区	0.596	1	0.596	drs
房山区	1	1	1	—
昌平区	0.493	0.593	0.832	drs
门头沟区	1	1	1	—
平谷区	0.433	0.63	0.686	drs
密云县	1	1	1	—
怀柔区	0.78	1	0.78	irs

（续表）

	综合效率	技术效率	规模效率	备注
延庆区	1	1	1	—
全市	0.471	1	0.471	drs

（四）政策目标实现度

“减煤换煤、清洁空气”行动政策的主要目标是减少燃煤污染物排放、降低空气中 SO_2、NO_2和 PM 2.5浓度，减少燃煤使用量则是其直接手段。调研显示，北京市农村地区 2015 年计划减煤 140 万 t，实际减煤 172.2 万 t，超额完成了减煤任务，各区县也较好地完成了减煤工作。2015 年，全市计划大气细颗粒物（PM 2.5）年均浓度下降5%，也完成了年度任务；分区县来说，仅有顺义区（4.65%）和房山区（3.1%）未完成。因此，在政策目标实现度方面，仅有顺义区和房山区未实现政策目标。

（五）政策效益分析

生态效益：北京市环境状况公报统计数据显示，2015 年，北京市各区县大气 SO_2年均浓度较 2014 年均实现了大幅下降（图 12-2），大部分区县的 SO_2 年均浓度下降了 30% 以上，密云区下降率接近50%。NO_2年均浓度也有较大幅度下降，其中，以密云区、石景山区、大兴区和海淀区下降最快。全市 PM 2.5年均浓度较上年下降6.2%，延庆、通州、门头沟、海淀 4 个区的下降幅度较大；仅有昌平区、密云区和延庆区提前“实现 2017 年细颗粒物（PM 2.5）年均浓度力争控制在 $60\mu g/m^3$ 左右”的既定目标，本项政策还需在农村地区大力推进。

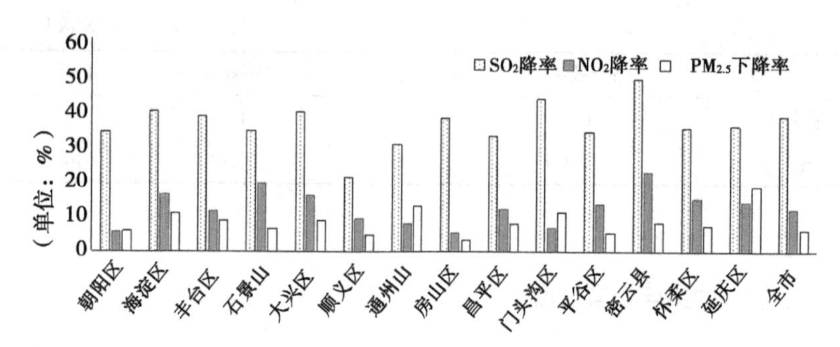

图 12-2　2015 年北京市各区县 SO_2、NO_2和 PM 2.5较上年度下降率

依据全市及各个区县 2015 年的减煤情况，核算大气污染物减排效益，如表 12-3 所示。2015 年，全市减排 SO_2约10 455t，减排 NO_2约9 102t，减排 CO_2约 20 万 t，减排烟尘约 1.54 万 t。“减煤换煤、清洁空气”行动计划达到了很好的减排效果。

表 12-3　2015 年北京市及各区减排情况

区县	减排 SO_2（t）	减排 NO_2（t）	减排烟尘（万 t）	减排 CO_2（万 t）
朝阳区	686.69	597.83	1.62	21.17
海淀区	901.63	784.94	2.12	27.79
丰台区	382.51	333.01	0.90	11.79
石景山	110.50	96.20	0.26	3.41
大兴区	1 287.78	1 121.12	3.03	39.69
顺义区	765.62	666.54	1.80	23.60
通州区	1 413.46	1 230.54	3.33	43.57
房山区	1 608.35	1 400.21	3.78	49.58
昌平区	968.41	843.09	2.28	29.85
门头沟	343.04	298.65	0.81	10.57
平谷区	569.51	495.81	1.34	17.55

（续表）

区县	减排 SO_2（t）	减排 NO_2（t）	减排烟尘（万 t）	减排 CO_2（万 t）
密云县	324.83	282.79	0.76	10.01
怀柔区	437.76	381.11	1.03	13.49
延庆区	655.12	570.34	1.54	20.19
全市	10 455.21	9 102.18	24.60	322.27

经济社会效益：2015 年北京市共投入约 15 亿元开展农村地区减煤换煤与住房改造工作，通过农村能源消费结构优化调整，大力推进清洁能源在农村的使用，改变了农村地区原有的能源粗放利用的局面，提升了能源利用效率，为实现农村地区的绿色发展打下良好基础。同时，电、太阳能、天然气、液化气等清洁能源的推广应用，为农户提供了多途径、现代化的生活方式，极大地提升了农村地区居民的生活水平，减少了因燃煤不当等行为导致的安全事故。

（六）政策公平性和社会响应

北京市自 2013 年全面铺开全市“减煤换煤”行动各项措施，统筹农户需求与市、区计划，统一实施、统一补贴，按需发放；在政策公平性层面很好地体现了各区之间的平衡发展和农户之间的平衡发展，同时，又考虑了区县间的不同需求，兼顾了政策公平性和区县差异发展的原则。

在社会响应层面，农户普遍积极响应本项政策，认为政策的实施极大地提升了自身的生活水平、节省了劳动力，同时，政策补贴也有力地减轻了农民负担。在优质煤替代方面，近郊农户非常欢迎该项政策，偏远地区的农户由于生活习惯、价格等因素的制约，积极性小于近郊农户。在煤改电、煤改气方面，尽管市、区两级进行了补贴，农户普遍表示费用仍然偏高，希望政府能够长期实施该项政策同时增加补贴额度。

（七）综合分析

综合考虑目标实现度、政策效率、政策效益、政策公平性和社会响应多个方面，2015 年北京市“减煤换煤、清洁空气”行动政策取得了良好效果。分区县看，朝阳、海淀、丰台、石景山、房山、门头沟、密云和延庆 8 个区县的综合绩效较好，无论是减煤还是减排大气污染物，都达到或超过了预期目标；平谷区、昌平区、顺义区和房山区的综合绩效略低于前述 8 个区县，其中，顺义区和房山区在降低 PM 2. 5年均浓度方面未完成任务，昌平区和平谷区政策效率综合考评值较低，应加大政策投入力度及优化资金配置方式，有效提升减排效果。

参考文献

陈振明．2004. 公共政策学：政策分析理论、方法和技术［M］. 北京：中国人民大学出版社．

冯金，柳潇雄．2014. 基于能源—经济—环境 CGE 模型的北京市 PM 2. 5污染调控治理政策模拟和评估［J］. 中外能源，19（7）：95-99.

孔志峰．2006. 公共政策绩效评价［M］. 北京：经济科学出版社.

雷仲敏，周广燕，邱立新．2013. 基于费—效分析框架的国家节能减排政策绩效评价研究——以山东省为例［J］. 区域经济评论，4：86-93.

秦湘灵．2011. 可再生能源发电政策与环境效益分析方法研究

[D]. 北京：华北电力大学.
姚刚. 2008. 国外公共政策绩效评估研究与借鉴 [J]. 深圳大学学报，25 (4)：80-85.
姚青玉. 2009. 公共政策绩效评估方法运用述评 [D]. 厦门：厦门大学.
赵莉晓. 2014. 创新政策评估理论方法研究——基于公共政策评估逻辑框架的视角 [J]. 科学学研究，32 (2)：195-202.
中国行政管理学会课题组. 2013. 政府公共政策绩效评估研究 [J]. 中国行政管理，333 (3)：20-23.
Carley S. 2009. State renewable energy electricity policies：An empirical evaluation of effectiveness [J]. Energy Policy，37 (8)：3 071-3 081.
Nurcan Kilinc - Ata. 2016. The evaluation of renewable energy policies across EU countries and US states：An econometric approach [J]. Energy for Sustainable Development，31：83-90.

（主笔人：张慧智）

第三篇　经验借鉴篇

报告 13　大力推进农民专业合作社信息化

农业信息化是现代信息技术在农业生产经营、政务管理及农村信息服务中实现应用普及的程度和过程，主要包括生产信息化、经营信息化、管理信息化和服务信息化等。信息化是农业现代化的制高点，大力发展农业农村信息化，是加快推进农业现代化、全面建成小康社会的迫切需要。由于农村发展的复杂性、农业信息化的系统性特点，决定了这一工程需要各方力量的参与和推进。农民专业合作社正逐步走向农业信息化舞台，成为推进农业信息化的重要载体。

一、我国合作社信息化建设现状与特征

（一）合作社信息化建设处于由试点探索转向经验总结和全面推进阶段

《全国农业农村信息化发展“十二五”规划》提出，要积极鼓励农民专业合作社参与农业农村信息化建设，开展合作社信息化示范，促进合作社信息化建设，提升合作社综合能力。服务生产、连接市场、交流合作、共享资源是合作社参与农业农村信息化建设的重要内容。2011 年，农业部在安徽召开了全国农民专业合作社信息化试点现场培训会，提出“把信息化作为覆盖合作社建设全聚德战略举措，作为解决合作社现实紧迫问题的发展难题的重要手段”的工作思路。

“十二五”期间，合作社信息化建设在各省逐步展开，依据自身情况，优先在合作社示范社中开展信息化建设，主要目的是通过示范社的示范引导，带动整个农业农村信息化水平的提升。经过“十二五”的建设，合作社信息化在基础设施、社务服务、体系建设等方面都取得了积极进展，成效初步显现。例如，安徽省下发了《关于开展农民专业合作社示范社建设行动的意见》，并把信息化建设作为示范社建设的重要内容，较好地发挥了典型引导和示范带动作用。进入“十三五”，随着信息化的进一步深入，在及时总结合作社信息化试点的经验和模式基础上，合作社的信息化建设将进入全面推进阶段。

（二）当前合作社信息化建设以政府扶持为主

信息市场化有 2 个前提：有由足够的信息需求、有具备一定经济收入和现代信息技术应用能力的用户作为支撑。目前，我国大部分合作社的软硬件设施建设资金来源于政府项目支持，农民专业合作社的信息化建设还达不到以信息服务供养信息资源建设的良性循环。因此，现阶段还主要以政府投入为主，以政府对信息化基础设施的投入来撬动合作社的信息化推进；在后期的维护和管理上，可充分利用企业和社会资本，形成政府、企业、合作社、农户共赢互利的局面。

（三）在生产信息化方面，现代农业信息技术与装备逐渐推广应用

在生产信息化方面，对外网站、视频监控和质量安全追溯等信息技术和装备相对成熟，推广较为容易，处于全面推广阶段。环境监测、节水灌溉和测土配方施肥等信息技术和装备处于技术熟化阶段，在部分生产型合作社中推广应用。大数据、物联网、云服务、移动互联、智能农机具、农用航空等现代信息技术与装备在大田种植、设施园艺、畜禽水产养殖等领域的示范应用取得突破，但适用性和推广性

在探索中。

（四）在流通信息化方面，农产品电子商务已成为当前合作社信息化建设的重要着力点

合作社开始普遍树立网络营销的意识，尝试多元化发展电子商务，主要模式如下。

1. 供求信息发布模式

合作社在已有第三方信息中介平台上进行农产品信息发布。目前比较流行的供求信息平台有中国农产品信息网、全国农产品商务信息公共服务平台、中国农产品行业信息网等。

2. 入驻第三方交易平台模式

合作社在第三方交易平台上自主注册、自主运营网上商店，通过在线订单、在线付款、邮寄产品的形式完成农产品的网上销售。比较成熟的第三方电子交易平台有淘宝、京东、1 号店等。合作社可以根据自身规模大小以及与第三方交易平台合作的程度申请不同规格的网店。其中，天猫旗舰淘宝店必须是当地重点合作社才可以申请，需要通过多项资格认证，认证通过后有资格成为当地特色中国馆的主力，获得大规模推广。

3. 委托销售模式

合作社将农产品卖给第三方电子交易平台，再由该平台统一进行农产品销售。该模式下，合作社只作为农产品的提供者，不直接参与电子商务业务。相对应的，第三方交易平台则承担了农产品的收购、调度、宣传、销售等涉农电商主体环节。目前，京东商城、本来生活、顺丰优选等均提供委托销售模式。

（五）在管理信息化方面，社务管理信息化增强了合作社的开放性和透明度

北京、安徽、湖北等省（市）逐步建立起省级农民专业合作社

网，并实现了部网的链接。部、省两级合作社专业网站的建立，增强了合作社指导部门工作的开放性和透明度。合作社的社务管理信息化建设已逐步推开，针对合作社内部管理需求，出现了多种面向专业合作社的信息化产品，如磁卡会员管理系统、内部办公系统、财务管理系统和社员培训系统等。

二、我国合作社信息化建设存在的主要问题

（一）合作社信息化整体发展不均衡

从地域范围看，突出表现在中东部地区，如安徽、湖北、北京、上海等省（市），政府重视程度高，合作社信息化建设推进力度大，信息化总体水平较高。中西部等经济发展较慢地区合作社整体发展水平较慢，其信息化进程也慢。从单个合作社尺度看，一些规模较大的合作社，信息化硬件设施投入较大，成效也较为明显。但大部分合作社的信息化基础设施薄弱，部分合作社只有几台电脑用于处理合作社日常工作，信息化对合作社发展的支撑作用尚不突出。这就要求政府在合作社的信息化顶层设计中着力整体统筹，考虑不同地域间的地区经济发展水平，同时，考虑不同规模合作社的分级推进。

（二）信息化技术在生产环节的应用有限

多数农民合作社的信息化应用仅仅局限于生产资料采购、产品销售及内部管理等方面，在农业生产环节开展 3G、物联网、云计算等现代信息技术应用示范、探索利用信息技术改造传统农业、装备现代农业的合作社较少。一是开展此类应用的技术尚不成熟，需要投入大量的研发成本，一般合作社都无法承担；二是生产领域信息化的投资

回收期较长，合作社管理人员缺乏长远的发展思路和战略，合作社发展局限在一定的规模范围内，转型困难。三是部分合作社农业生产基础设施较差，不具有标准化、规模化生产条件，也一定程度上制约了信息化技术的推广应用。以设施农业为例，据国家蔬菜工程技术研发中心的调研统计，北京市设施温室年平均用时达 3 600 小时/亩以上，人均管理面积仅相当于日本的1/5、西欧的1/50和美国的1/300，设施农业在温室环境控制、栽培管理技术、生物技术、人工智能技术、网络信息技术等方面与发达国家差距明显，急需一批支撑设施环境农业生产的小型智能化信息化装备及配套技术。

（三）面向合作社的普适化、低成本的信息技术产品缺乏

从需求角度看，合作社对信息化产品的投资比过去更加理性，实用、高效、经济性高的信息化软件技术与产品需求越来越受到青睐；从供给角度看，目前市场上相对成熟的信息化应用软件大都是为大中型企业或合作社设计，其系统模块的复杂度比较高，功能也较为完善，但对于生产经营业务较为单一、专业技术人才缺乏的合作社来说，这些功能复杂的软件产品很难取得预期效果。故应大力推广适合合作社的普适化、低成本的信息技术产品。例如，北京翠林花海农民专业合作社，在每个棚中安放一台温湿度监控仪和温湿感应探头，在监控仪上设置适宜作物生长的温湿度区间，当某个棚因外界干扰因素致棚内温湿度超出适宜区间，棚内监控仪即报警，以短信形式发送到农户手机上，实现远程监控棚内温湿度。通过安装该技术，农户无论是否在棚区，可立即接收到信息并做应急处理，大幅度减少造成的损失。同时，一个农户可监控多个大棚，免除了合作社雇用众多看管人员的费用。

（四）合作社信息化利用水平有待提高

在生产信息化方面，部分合作社存在信息化技术的浪费与低效利用。当前体现较高信息化水平的物联网、大数据等信息技术对生产环境要求较高，适合于应用于规模化、标准化的农业生产作业环境。但调研中发现，某合作社有设施大棚 200 栋，在项目支持下示范应用了设施农业信息化集成系统，但合作社在经营过程中，将大棚分包给农户，大约一个农户负责 3 个棚，实质上也是小规模经营。农户很少使用该系统，觉得没必要用，造成信息化资源的浪费和低效利用。在管理信息化方面，合作社运用的财务记账平台、会员管理系统等，主要用于日常产生的数据信息的收集和记录，使用率不高，对数据分析和统计决策方面利用较少。在信息化资源利用方面，农民合作社内部信息人员缺乏连续性的培训，知识更新较慢，对配套设备使用的相关技术要领掌握不熟练。对农业门户网站和相关业务网站的利用不够，有相当一部分合作社不了解更谈不上利用 12316 综合信息服务平台、农业专家系统等。

（五）合作社信息化自我发展动力不足

农民专业合作社作为农民自发组建的经济组织，成员多为农民，整体素质不高，加上受传统农业生产意识所限，对加强信息化建设的重视程度不够，信息化意识淡薄使得一些合作社更愿意维持现状，对信息化建设的积极性不高。部分合作社即便有了资金，通常在产品销售、开发新产品等方面重点投入，在信息化建设方面的投入非常少。此外，多数合作社缺少专职从事网络及信息化的技术人员，无法充分发挥信息技术的支撑作用。

三、推进合作社信息化建设的建议

（一）构建分类指导，因社制宜的顶层设计

随着社会需求和自身规模的扩大，合作社由以前的种植、畜牧、农机、渔业等专业合作社，逐步出现了资金互助、土地流转、技术承包等服务型合作社和跨地区的联合社。由于合作社所处地域的不同、门类的千差万别和功能的差异，对信息化的需求也呈现出了多样化特点。例如，生产型合作社可能更关注农产品市场价格信息和供求信息，农业服务型合作社可能更关注国家相关法律法规类信息。在合作社信息化建设的顶层设计上，应针对从事不同类型的农业专业合作社的需求以及各农民专业合作社不同发展阶段的应用实际，因地制宜，分类指导。即根据不同区域、不同层次、不同规模、不同专业的合作社，制定不同的有针对性的信息化建设和管理标准，开发设计满足不同需求的系统软件，确保合作社信息化建设的可操作性和有效性。

（二）推广面向合作社的普适化、低成本的农业信息技术产品

目前，农业信息化普遍存在着科技成果转化率低，产品专业化程度不高，相关技术产品应用成本高等问题以及应用主体所在地域的复杂性和人口分散性等特点。从农业信息化研发趋势看，具有专业化、实用化与普适化相结合的农业信息技术产品及装备的开发及推广将成为农业信息化的重要内容。应大力开发和普及应用适合合作社的先进、低成本的信息技术产品及装备，以解决合作社信息化建设中对降成本、降人工等方面的需求。从发展领域看，应着力扩大合作社在大田种植、设施农业生产、农产品电子商务、休闲农业、农产品流通等

领域的信息化技术支撑与应用，推进合作社信息化水平提升。

（三）加大对精准农业、智慧农业等新技术的示范应用，推进合作社信息化和农业现代化的深度融合

持续加大对农民专业合作社示范社信息化水平的提升，加大对集成化、高度自动化、专业化的农业信息技术的推广应用。鼓励信息化新技术在合作社进行推广示范。如针对农田产前平地效率较低的现状，示范应用土地精细平整设备、变量作业装备、农用车辆自动导航等高度智能化的农田作业智能技术；示范推广农业物联网感知技术、数据传输技术、智能处理技术、农业物联网云服务等。但同时要注意，合作社信息化技术的推广应与合作社自身的生产方式、经营方式相适应，切莫一味追求高大上的信息化技术而忽视合作社自身的硬件基础和经营方式。只有信息化与农业现代化相匹配，才能推动信息化与农业信息化的深度融合，真正发挥信息化对农业现代化的支撑作用。

（四）探索合作社信息化发展的多方参与机制

探索资金入股、技术入股、装备入股等合作社信息化参与模式，引导社会多方参与，增强合作社信息化发展力量。从政府、企业、科研院所等引入资本智力等，推动合作社创新创业，形成合作社信息化发展的长效机制。

（五）大力加强合作社信息化培训

合作社信息化的目的在于以信息化提升合作社自身的竞争力。因此，要面向合作社辅导员开展计算机应用、合作社经营管理信息化等的培训。加强合作社信息化队伍建设，培育一批合作社信息管理人

员，增强合作社的信息化利用能力，不断提高合作社及其成员对信息的接受和利用信息的能力。

参考文献

陈晓华 . 2010. 推动农业信息化促进现代农业发展［J］. 农村工作通信（27）：10–13.

陈晓华 . 2010. 着力推动现代信息技术改造传统农业［J］. 中国集体经济（27）：1.

范凤崔，等 . 2006. 国外主要国家农业信息化发展现状及特点的比较研究（18）：11–14.

赵铁桥 . 2011. 推进信息化建设提升农民专业合作社发展水平［J］.（12）：34–37.

钟永玲 . 2008. 农民专业合作经济组织在北京农业信息化中的作用［J］. 首都经济杂志（11）17–21.

（主笔人：陈慈）

报告 14　重庆市“星创天地”建设经验及对北京的启示

2015 年 5 月，时任科技部副部长张来武在全国农业科技工作会议上宣布启动全国“星创天地”建设工作，随后重庆、四川、陕西、江苏等省陆续开展“星创天地”试点建设。2016 年 7 月，科技部发布《发展“星创天地”工作指引》，明确了“星创天地”的服务功能、工作思路和建设要求，以动员和鼓励各类创新创业人才深入农村“大众创业、万众创新”。

“十三五”以来，我国将科技创新摆在国家发展全局的核心位置，相继出台了《国家创新驱动发展战略纲要》《关于印发促进科技成果转移转化行动方案的通知》（国办发〔2016〕28 号文）、《关于加快众创空间发展服务实体经济转型升级的指导意见》（国办发〔2016〕7 号文）、《关于发展众创空间推进大众创新创业的指导意见》（国办发〔2015〕9 号文）、《关于支持农民工等人员返乡创业的意见》（国办发〔2015〕47 号文）等文件精神，而“星创天地”的建设与发展则与这些政策直接呼应，致力于营造良好的农村科技创业服务环境和拓展农村创业空间，推进一二三产业融合发展。北京市高度重视“星创天地”建设工作，由北京市科委牵头制定了《北京市开展“星创天地”建设工作方案》，明确了“十三五”期间北京“星创天地”的建设目标、任务、要求和保障措施。

虽然“星创天地”建设对北京市推进科技特派员制度及一二三

产业融合发展具有重要的意义和作用，但总体上“星创天地”工作还处于起步阶段，具体的管理机制和发展模式尚不清晰，尤其是面对北京建设“国际一流的和谐宜居之都”的总体要求和首都城市功能再定位的发展需求，如何建设高水平的“星创天地”？如何体现北京市国家现代农业科技城的产业特色和资源特点？如何在“新常态”形势下推动农村创新创业？这些是北京开展“星创天地”工作面临的突出问题，也是北京市加快全国科技创新中心建设亟须解决的问题。在此背景下，课题组对科技部首批启动的“星创天地”试点——重庆市进行了实地调研，重点考察学习了其在创新创业模式和建设路径方面取得的经验，以期为北京市“星创天地”建设工作的顺利实施、打造具有北京市特色的农村创新创业高品质平台提供参考借鉴。

一、重庆市“星创天地”建设基本情况

2015 年，重庆市坚持政府引导、企业主导、市场运作、社会参与的思路，根据重庆市五大功能区发展战略需求和“3+7”特色农业布局，坚持开放、集成、平台化发展思路，分类规划试点建设了集技术创新、创业孵化、成果推广、人才培训、金融服务、文化传播于一体的“星创天地”，对以“星创天地”汇聚创新创业要素、为农业农村增添兴业富民引擎的“双创”模式开展了积极探索，形成了多业多态创新创业格局，带动了农业增效、农民增收、农村繁荣。目前，重庆市已建成 11 家“星创天地”，入驻创业企业 75 家，吸纳返乡农民工等创客 1 132 名，常驻创业导师（科技特派员）170 余名，转化技术成果与产品 387 项，引导创业资本 1.77 亿元，试点效果初步显现。

课题组重点对璧山区的“金色郊区”星创天地、“五行智农”星创天地，潼南区的“潼南农家”星创天地，铜梁区的“龙韵果香”

星创天地，永川区的“种苗云港”星创天地共 5 家星创天地进行了深入调研。具体建设情况如下。

（一）“金色郊区”星创天地

“金色郊区”星创天地依托重庆璧山国家农业科技园区，面向中小型农业企业、农业科技人员、返乡农民工、大学生等创新创业主体，提供科技创新、成果转化、产业创意、产品创新、市场营销、人才培训等综合服务的开放性综合服务平台，打造农业创业者的创业服务空间。

其总体构架为 1+X，1 就是一个园区综合服务平台，X 就是 X 个创业物理空间。同时，依托综合服务平台和创业物理空间，建设工作、社交、网络、资源共享、金融服务等 5 个公共平台。目前已经形成“1+4”的格局，即园区综合服务平台、茅庐社星创空间、将军星创空间、喜观星创空间、东方锄禾兴创空间。其组织构架，如图 14-1 所示。

（二）“五行智农”星创天地

“五行智农”星创天地以中国传统文化中的金、木、水、火、土等 5 种元素，分别代表现代农业中农业设施装备与建造、有机循环农业、农业节水灌溉与水资源循环利用、农村清洁能源、农村智慧建筑与土木工程等 5 个关键技术领域，通过打造线上线下创新平台，聚集上述 5 个领域创新主体开启农业创新智慧，通过创新创业科普、生物防治技术等启发大众智慧创新创业。其创客入驻流程，如图 14-2 所示。

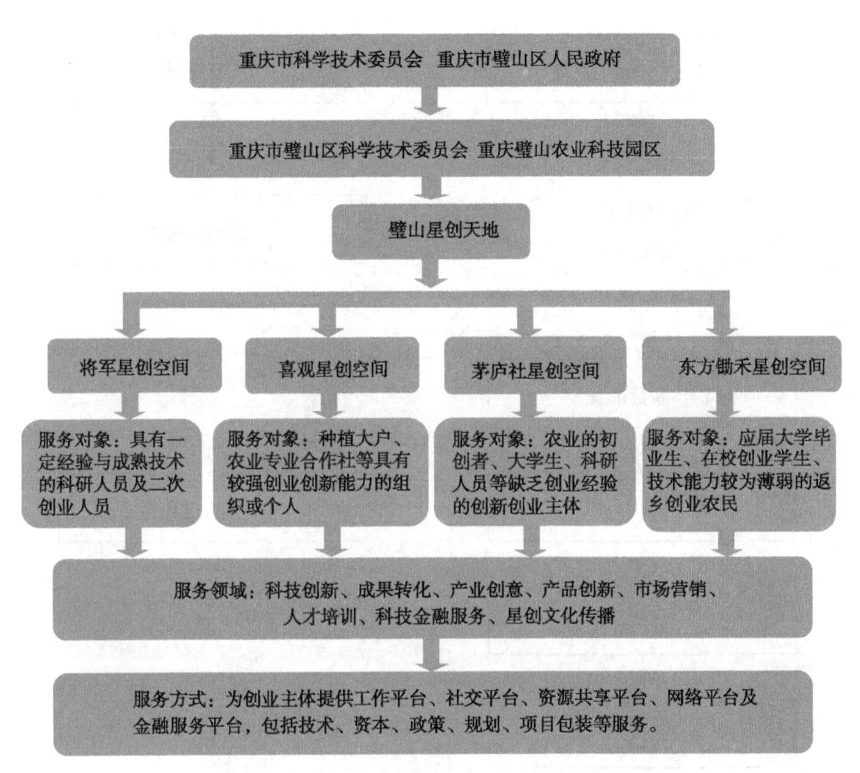

图 14-1　璧山金色郊区星创天地组织架构

（三）“潼南农家”星创天地

“潼南农家”星创天地是以“农业产业+互联网+金融资本”模式运行的农业产业创新创业服务平台。该平台采取政府引导，企业营运的方式，由区科委牵头，潼南两江蔬菜生产力促进中心和重庆弘艺农业发展有限公司承接，主要包括星创之家、星创科普、星创农场、星创在线、星创基金、星创营销六大功能。其中，星创之家、星创农

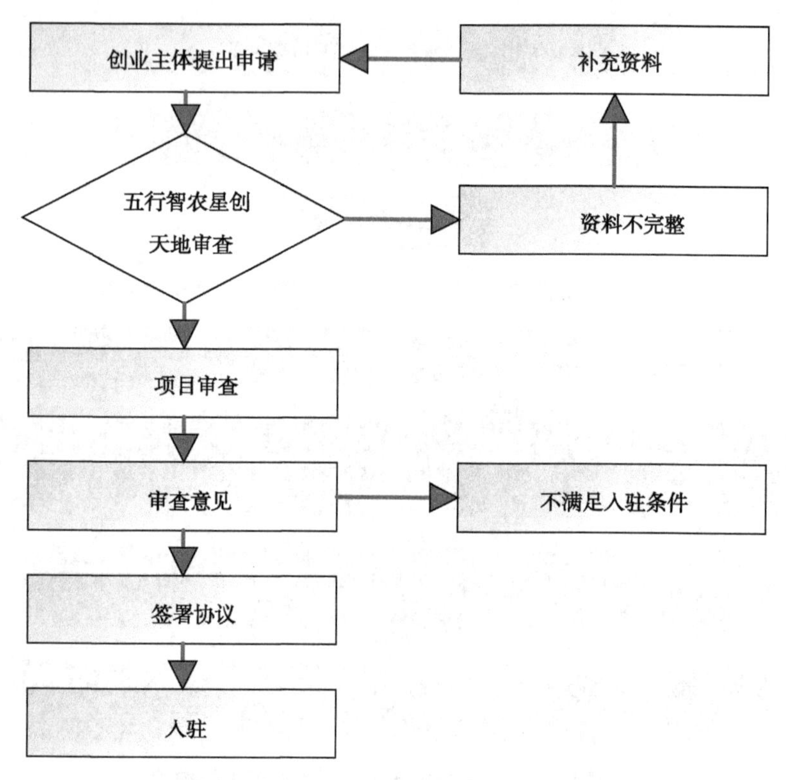

图 14-2 “五行智农”星创天地创客入驻流程

场和星创科普构成了“星创天地”的物理空间，而星创在线构成网络空间。计划到 2020 年，实现“百千万亿”星创目标，包括孵化 100 个创新项目，培育 1 000 个星创农场，聚集 10 000 人次创业人才，实现 100 亿元创业产值。将“潼南农家”建设成为西部地区辐射范围最大、创新能力最强的农业创新孵化服务平台，成为引领农业创新、促进农业创业的核心平台。

“潼南农家”星创天地按照创意搜寻、创意形成、创意成果孵化、创意价值实现的运行路径，形成完整的创业链条。从实际运行效果看，形成“一个平台、两个车轮、三驾马车”的基本运行构架，即一个“星创天地”核心物理平台，创业联盟和创业基金为推动“星创天地”运行的动力，农业大数据、创业文化和互联网驱动为“三驾马车”，以“各负其责、独立运营、自负盈亏、有机连接”的方式，构成总体运行机制，实现创客之间相互孵化、相互助力、相互依赖的共赢成长的良性运行局面。截至目前，平台汇集国家级“三区”科技人才38人、科技特派员67人，成立专家服务团队1个，联合潼南区16个相关行政管理部门和93家企业建立了“星创天地·潼南人家”联席会议制度和创客联盟。开展创新创业培训5 000人次，成果交易和人才招聘活动5次，推广新技术、新产品83项，引进新品种125个（图14–3）。

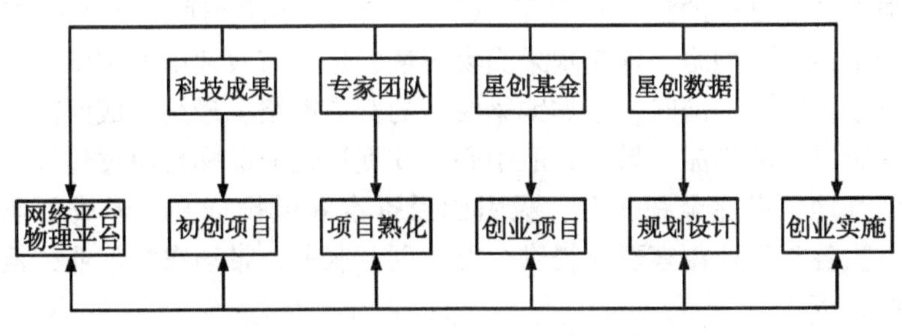

图14–3　“潼南人家”创客孵化流程

（四）“龙韵果香”星创天地

“龙韵果乡”星创天地依托重庆建亨农业发展有限公司，以中国农业科学院柑橘研究所、重庆市农科院果树研究所为技术支撑，规划建设“5+1”平台，“统一规划、统一育苗、统一管理”后，吸引创客参与，共担风险、共享利润，实现“规模化种植、标准化生产、商品化经营”，弥补传统农业发展的制约性，切实调整农业产业结构。

其中，“5+1”平台即调整结构的平台、科技创新的舞台、技术推广的讲台、整合市场的擂台、促进创业的梯台。①调整结构的平台通过“企业+农户+创客”发展模式，由企业反租农民土地，“统一规划、统一育苗、统一管理”后，吸引创客参与，共担风险、共享利润。②科技创新的舞台通过建设“专家大院、教授工作室、校企试验田”等设施，集合重庆果业、果苗等方面的专家、学者，形成智力集聚区、科技示范点，因地制宜开展技术研究、科技创新，为产业转型升级、提质增效提供有力的科技支撑。③技术推广的讲台是线上引进互联网，接入重庆市农业信息云服务平台，通过网络推广技术人员的研究成果，线下建设创新成果展示区及技术培训区，为创客及社会团体提供技术培训。同时，引入科普概念，建设科普体验展示区，增强新技术推广的深度和广度。④整合市场的擂台通过产业化发展，延伸水果交易网络，连接水果交易市场，进而有效地影响重庆果品交易市场的定价。同时，依靠铜梁便利的交通网络，最终形成西南地区最具影响力的果品、果苗集散中心。⑤促进创业的梯台通过建设创业实训基地，搭建金融平台，吸引创投资本和风投资金，形成创业资源。为各类果业创客群体提供全方位创业服务，带动农村就业，繁荣农村经济。

在实际运行方面，“龙韵果乡”星创天地采取以企业为主体，政府扶持引导，市场化经营的管理模式，利用企业已有的办公条件、专家大院、培训中心、示范基地、产业化基地等软硬件条件为“星创天地”运行提供必要的保障。创业专家导师（科技特派员）提供技术性服务和创业辅导，对于创业中的技术问题、企业管理问题，聘请专家导师、职业经理人、咨询机构到基地定时进行培训和交流。当地政府为企业和创业者协调解决资金、土地等优惠政策以及遇到的困难，并整合各部门创业资源积聚“星创天地”。目前，“龙韵果乡”星创天地已经为当地果农、返乡农民工、青年、妇女进行创业辅导和服务达150人次以上。

（五）“种苗云港”星创天地

“种苗云港”星创天地依托重庆市天沛农业科技有限公司，以重庆文理学院暨重庆市特色植物种苗工程技术研究中心为技术支撑，“校、地、企”协同建设发展，围绕特色效益农业种源供给重大需求，按“政产学研用、创投筹联众”思路，通过市场化机制、专业化服务和资本化运作方式，推动创业链与创新链、资金链、信息链、服务链的5链一体整合，推动投资与孵化线下线上同步发展，为特色植物产业提供创新创业平台和服务，实现创业的低成本化、便利化和信息化。

目前，“种苗云港”星创天地已建成核心育苗基地2 000亩，建成包括培训室、办公室、专家工作室、创客工作室等3 000m^2，高标准组培室1 200m^2，超净工作台30台以及检验检测平台、创业实训基地和综合信息服务平台等，可满足电子商务、网上交流、技术服务等功能。目前，已经为在校大学生和返乡农民工创新创业提供服务300多人次，孵化的部分创业典型受到了学校以及地方政府的表彰。其总体构架，见图14-4所示。

二、重庆市“星创天地”建设的主要模式

从调研学习情况看，重庆市星创天地建设主要存在如下几种模式。

（一）农业科技园区模式

农业科技园区的“生产加工、孵化试验、集聚扩散、教育示范、休闲观光”等发展定位与农业“星创天地”的建设原则与功能定位

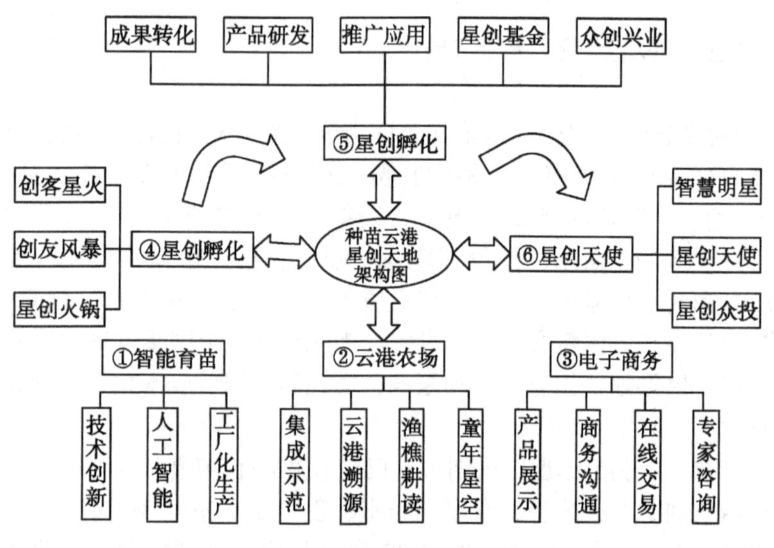

图 14-4 “种苗云港”星创天地总体构架

极为贴近，只是农业“星创天地”在创新创业方面需增加更多的硬件和软件条件。“金色郊区”“五行智农”和“潼南农家”3 家星创天地就属于这种模式，其优势在于：第一，园区具有很好的孵化实验条件，可以为创新创业提供必要的硬件条件；第二，园区具有很好创业实训基地以及园区土地、资金、人才等政策都有成型做法，可为创新创业者提供很好的创业训练；第三，园区有良好的专家服务团队和校地合作关系，可为创新创业者提供辅导；第四，园区在实体化运行创新平台方面有探索，可为“星创天地”建设及运营提供借鉴；第五，园区在科技金融结合方面的探索步伐较快，如“潼南农家”以创业资金保障为特色的支撑体系做得较完善，这是保障可持续运行的又一重要特点。

（二）龙头企业模式

近年来，由于经济转型压力增大，一些工商资本开始涉足农业领域。这些工商资本进入农业领域后，起点高、市场敏锐，善于规模化经营，集聚技术、资本、劳动等生产要素发展效益农业，并发挥龙头作用，建立星创天地。“龙韵果乡”星创天地就属于这种模式，其优势在于：第一，龙头企业由于资金、技术雄厚能够解决“星创天地”运行中的土地、劳动力问题以及“星创天地”运行必备的硬件条件；第二，龙头企业常年在市场中摸爬滚打，有很强的市场敏感性，对于创业项目的市场适应性具有天然优势，容易获得成功；第三，创业最终会走企业化道路，无论是“星创天地”的发展，还是龙头企业自身运行，都会为创业者提供直接接触企业管理的机会，这为创业者开办自己的企业提供宝贵的实习经历；第四，以优势项目带动可以保障创业，具有广阔的市场，能够使“星创天地”实现可持续运行。

（三）校企合作模式

长期以来，产学研深度合作是我国科技创新的重要工作内容。一些科研单位、高校和企业依托星创天地开展合作，构建集技术创新、创业孵化、成果推广、人才培训、金融服务、文化传播于一体的新型产、学、研、资众创服务平台。“种苗云港”星创天地就是农业领域产学研合作的典范，其优势在于：第一，由于具有实质性合作关系，高校的技术优势得以发挥，可在高效益农业领域建设“星创天地”。由于处于微笑曲线两侧，因而可提高附加值，有利于激励创业活力。第二，高校拥有学生资源，容易成为创新创业的生力军，而且学生容易接受新鲜事物，可以成为优质的创客资源。第三，在校企合作中，企业家发挥了自身的管理才能，积极开拓市场，同时，由于处于不停的技术创新过程，把自己的企业发展成为科技型企业，在行业内占领了制高点。第四，充分利用互联网时代带来的发展机遇，实现线上线下互动发展，为创业服务的同时，扩大了种苗产业的市场规模，市场支配力加强，获得了可持续发展。

三、对北京市的启示

通过对重庆市星创天地建设的调研考察，结合北京市星创天地建设现状，可得到如下启示。

（一）推进“星创天地”需要建立有效的协调管理机制

“星创天地”作为农业领域的“众创空间”，涉及的管理部门众多，因此，需要建立部门协调机制，统筹处理土地、资金、人才等政策，为“星创天地”的健康运行提供良好的政策环境。重庆市在“星创天地”建设中，与涉农市级部门和区县政府不断进行协调与沟通、力求实现资源整合与政策叠加。一是将“星创天地”纳入全市“众创空间”统一管理，在财税、金融、商事制度等方面享受同等待遇。二是采取政府引导投入，建立绩效评价机制，对其提供的公益性服务采取政府购买方式。2015 年，市科委对在建、运行良好的“星创天地”分别给予 60 万元科技示范项目支持或 50 万元公益性平台建设补贴。三是整合各类投入支持。如重庆璧山国家农业科技园区管委会整合农业产业发展资金、农业综合开发项目资金、交通项目资金、蔬菜基地建设项目专项资金、特色效益农业项目资金和商业网点建设资金等，全方位支持“星创天地”建设。这些政策均需要协调多个部门才能制定。

（二）“星创天地”建设应体现功能区域化与产业特色化

重庆市科委根据该市整体发展战略和特色农业布局，对建设“星创天地”进行了分类规划。一方面，在都市功能拓展区和城市发展新区，建设以都市农业、休闲农业、绿色蔬菜等为主题的“星创天地”；另一方面，在渝东北生态涵养发展区和渝东南生态保护发展区，重点打造山地经济、柑橘、草食动物、水产、生态农业与乡村旅游等为主题的“星创天地”。重庆市目前在建的“星创天地”，均是根据各地传统产业基础与资源分布，扬长避短，因势利导，每个“星创天地”内部，也都是围绕某一特定的产业链条开展创新创业，这就提升了特色产业发展的竞争力。这样因地制宜，扬其所长，分类规划建设“星创天地”，既能放大各地的产业优势，又能有效降低其发展风险。

（三）发展“星创天地”要创新多种建设与运营模式

“星创天地”是新型农业创新创业一站式开放性综合服务平台，没有先例可循，重庆市通过摸索，逐步找到适合自身生存与发展的道路，通过市场化、专业化、资本化形成了多种发展模式。如前文所述，“龙韵果乡”探索的龙头企业模式，利用龙头企业的资金、人力、技术、市场、管理资源，有效解决了平台硬件、网络设施、管理经验、市场需求、示范带动等的建设；“金色郊区”探索的科技园区模式，既可共享园区土地、资金、人才、基地、信息、政策等优势，又可组合形成新的创新创业点，驱动农业产业发展。另外，还要找到切合实际的盈利模式。“星创天地”建设，只有通过实体化运作才能保证可持续发展，而实体化运行关键在于“星创天地”的盈利空间。“星创天地”的部分运作成本可通过政府购买公共服务的形式加以解决，但大多数运营成本必须通过适当的商业模式创新来弥补，也就是从“星创天地”和产业发展的耦合关系中寻找突破口，否则，“星创天地”的运行必然难以为继。

（四）“星创天地”建设应加强与科技特派员的紧密联系

为加强“星创天地”的技术支撑引领，重庆市的“星创天地”与科技特派员合作非常紧密。重庆市各区县科技部门、产业部门和有关科研院所、大专院校等形成合力，为“星创天地”的创新创业者提供“技术包”服务，如选派科技特派员团队，确立首席专家制度，建立专家与创业者紧密联系和全面合作等，以多种形式为创业者提供研发设计、小试中试、技术转移、成果转化等服务。课题组考察的这5家“星创天地”均建有专家大院，并有多名科技特派员长期开展科技服务和创新创业工作，其中，“种苗云港”星创天地还被评为国家科技特派员创业示范基地。总体来看，科技特派员进入“星创天地”为创新创业者提供科技成果和技术服务，企业或其他实体负责搭平台、建基地，则使政府、企业与高校、科研院所之间，特技特派员与企业、产业基地之间建立了稳定的协作机制，进一步带动了创新资源下乡和科技成果落地。

（五）加大对北京“星创天地”工作的宣传推广力度

虽然重庆市“星创天地”建设工作起步较早，且已经取得初步成效，但是，由于“星创天地”属于新生事物，导致社会各界认知水平不高，多数“星创天地”仍处于摸索发展阶段。加之人才匮乏、认识不足、扶持不能及时到位等各种因素，不同程度地限制着“星创天地”的发展。北京市“星创天地”建设工作刚启动1年多，更需要加大宣传推广力度，以不断提高对“星创天地”的认识水平，促进“星创天地”又好又快发展。另外，课题组调研的5家“星创天地”均在入口处或邻近的道路旁安装了大型标志牌，发挥了较好的宣传和指引作用。因此，建议北京市在已有匾牌的基础上，设计打造“星创天地”的统一户外标志，凸显对外品牌形象。

参考文献

乔金亮.2017. 星创天地：带着农民干［N］. 经济日报，07，26（13）.

王勇德，尹希果.2016. 重庆市农业星创天地可持续发展机制与模式探索［J］. 中国农村科技（07)：48-53.

王勇德.2016. 雄关漫道真如铁　而今迈步从头越——重庆“星创天地”发展经验介绍［J］. 中国农村科技（10)：46-48.

杨阳.2016. 星创天地，让创客扎根农村［J］. 中国农村科技（10)：28-33.

中华人民共和国科学技术部.2016. 发展“星创天地”工作指引［Z］. 北京：中华人民共和国科学技术部，1.

（主笔人：龚晶　赵姜）

报告 15 发达国家绿色转型发展战略和政策对我国的启示

人与自然的关系是人类社会发展的核心问题。自 18 世纪中叶以来，3 次工业革命为人类社会创造了巨大的物质财富，也加剧了人与自然的矛盾，全球生态环境持续恶化，资源、能源供给日趋紧缺，世界发展步入了一个前所未有的深刻复杂的转型时期。当前，人类社会正进入第四次工业革命时期，即绿色工业革命时期，发展模式将从“黑色发展模式”转向全面的“绿色发展模式”。绿色发展，就是强调经济发展与环境保护的协调统一，既要改善资源能源的利用方式，还应保护和恢复自然生态系统与生态过程，实现人与自然的和谐共处和共同发展。2009 年，联合国公布了《全球绿色新政政策概要》，启动了“全球绿色新政及绿色经济计划”。此后，欧、美、日等主要发达国家及不少发展中国家纷纷制定了绿色发展战略，以努力实现一个资源节约、绿色低碳、社会包容的可持续未来。

作为当前世界上最大的发展中国家和最具影响力的新兴经济体，中国的能源消费和二氧化碳排放都已经取代美国成为世界第一，资源环境问题已经成为中国发展的最大挑战。国情和世情决定了中国应顺应绿色工业革命的世界趋势，寻求中国的绿色发展道路。2005 年，国务院发布《关于加快发展循环经济的若干意见》，以发展循环经济为契机加速中国的绿色发展；党的“十七大”报告明确提出加快转变经济发展方式，将“坚持节约资源和保护环境”制定为基本国策；

“十八大”报告首次提出“绿色发展观”，将生态文明纳入“五位一体”总体布局；“十三五”规划更是将绿色发展作为我国五大发展理念之一。目前，我国的绿色发展取得了一定成效，同时，也仍然面临诸多难题。在绿色发展方面，发达国家一直走在世界前列。“他山之石可以攻玉”，本文以全球绿色转型发展成效最好德国和丹麦为例，分析总结其在绿色发展实践中的成功经验，为促进我国绿色转型发展提供借鉴。

一、德国

（一）绿色转型战略和政策

20 世纪 50—70 年代，德国科技腾飞带来生产与经济的飞速发展，人们的物质生活得到极大改善。然而同时，德国的环境问题日益严重，工业污染、生物链破坏、核辐射威胁等痛苦的经历，使德国人逐渐认识到不能单纯追求经济的增长。自此，德国开始逐渐重视环境污染问题，并开始寻求可持续的发展之路。1970 年，德国颁布《环保立即行动计划》标志着国家环保政策的开始。到 80 年代末，德国政府开始大力推广绿色转型发展，以能源、产业和交通的绿色转型为主要实施方向。

1. 能源绿色转型

（1）生态税改革与可再生能源立法。为了鼓励企业开发和使用绿色清洁能源，德国于 1999 年和 2000 年相继颁布《实施生态税改革法》和《深化生态税改革法》，对电力、矿物能源和天然气等征收能源税，对太阳能、风能、生物质能、地热能等可再生能源免征生态税，对高效热电联产电厂免征生态税，对无铅或低硫汽油、柴油执行较低的生态税税率。

2000 年，德国颁布《可再生能源法》，明确指出可再生能源优先以固定费率入网，即电网运营商必须以法律规定的固定费率收购可再生能源供应商的电力，由此降低了可再生能源的发展风险，被认为是世界上关于清洁与可再生能源最进步的立法。此外，德国促进和规范可再生能源发展的联邦法规还主要有：《可再生能源供暖法》《建筑节能法》《生物质发电条例》《能源供应电网接入法》《能源行业法》《促进可再生能源生产令》和《可再生能源分类规则》等一系列能源新政。

（2）节能减排与能源环境战略。2004 年，德国颁布《国家可持续发展战略报告》，针对减少化石能源消耗、实现温室气体减排建立了系统配套的政策体系。2007 年，推出“100%绿色能源地区”建设计划，旨在通过充分利用本地自然资源生产清洁能源、开发新能源、提高能源利用效率、倡导低碳生活等基本策略，以实现本地区的供需平衡。到 2015 年，德国已有 80 多个城镇实现 100%的绿色能源城镇，有 60 多个正在向绿色能源城镇迈进。

2010 年，德国发布了《能源战略 2050——清洁、可靠和经济的能源系统》报告，明确了以发展可再生能源为核心，建设适应可再生能源规模化发展的智能电网；明确了到 2050 年可再生能源占到德国能源比例的 80%，到 2020 年实现二氧化碳减排 40%的目标。2011 年，日本福岛核事故后不久，德国政府推出“能源转型计划”，期望用太阳能、风能和其他可再生能源取代化石能源，到 2022 年完全放弃核能。2012 年德国最新修订的《可再生能源法》进一步以法律形式明确了可再生能源电力发展的中长期目标。

生态税改革和可再生能源法实施以来，德国的节能减排效果显著，能源结构得到优化。1999 年德国的能源供给中可再生能源仅占 1.8%，《可再生能源法》出台后，2007 年跃升至 7.2%。2008 年，可再生能源发电量占德国发电总量的 15%，2014 年上升至 25.8%，到 2016 年达到 32.3%。针对于《京都议定书》制定的德国到 2020

年“温室气体排放在1990年的基础上降低40%”的减排要求，2016年相对于1990年已经减少了27%。

2. 产业绿色转型

德国产业升级的总趋势与其他发达国家一样，主要特点都是：第三产业和高新技术产业的比重逐步上升，高污染、高能耗产业的比重下降，环保产业、文化产业、旅游产业等“绿色产业”比重上升，绿色趋势明显。

2010年，德国政府发布《德国2020高技术战略》，气候/能源是该战略重点关注的领域，在每一个领域都确定了一些“未来项目”，主要包括高能源效率和适应气候变化的城市、智能能源转换、作为石油替代的可再生资源、到2020年拥有100万辆电动车、互联网节能等有助于产业绿色转型的项目。

2012年发布了《绿色技术德国制造3.0》环境技术图集，对能源效率、可持续水资源管理、环境友好型能源和能源存储、可持续交通、资源和原材料高效利用、循环经济等6个绿色环境技术市场发展情况进行了调研分析。2011年，德国绿色环境技术产业总产值约占其国内生产总值（BIP）的11%，预计到2025年将达到20%；中小企业是德国绿色环境技术产业主体，约占该产业领域企业总数的90%。

为了在新一轮工业革命中占领先机，加快实现绿色化智能生产，德国于2013年推出了“工业4.0”计划，其核心是互联网+制造业，将信息物理融合系统（CPS）广泛应用于制造业，构建智能工厂、实现智能制造。德国工业4.0战略是一个革命性的科技战略，其立足点不是单纯提升某几个工业制造技术，而是从最基础的制造方式层面上进行变革，从而实现整个工业发展质的飞跃。

3. 交通绿色转型

“二战”后，德国经济恢复迅速，私人汽车数量激增，随之而来的安全事故、环境污染等连串的危害引发了人们对交通制度的反思。

20 世纪 80 年代，德国联邦城镇规划、交通和环境部 3 个部门共同实施一项联合计划——“环境保护交通管理”策略，目的是将交通和地区规划结合，促进改善交通安全；不依赖私人汽车出行；保障安全的近距离日常生活；环境保护与交通安全并举。此策略的实施促进了德国一体化绿色交通的发展，帮助人们摆脱了对机动车交通的依赖，使城市更加人性化、生态化。伴随着快速轨道交通系统的进步，德国城市中心的步行区数量和规模增长迅速，到 20 世纪 90 年代中期，德国所有超过 5 万人口的城镇都建立了步行区。

汽车共享作为对一体化绿色交通系统的重要补充，是一种低成本、快捷、环保的新的绿色交通方式，有效缓解了交通压力和环境问题。政策实施 10 年以来，德国共享汽车和使用者的数量都持续增长。截至 2017 年 1 月，德国参与“汽车共享”的用户已从 2008 年初的 11.6 万人上升到 2017 年 1 月的 171.5 万人；有约 150 个共享汽车服务供应商，提供共享车约 17 200 辆，其中，电动车占比 10.4%，每辆共享汽车可供 99 位有驾驶资格的人使用；已有 597 个城市乡镇开展汽车共享服务。同时，《汽车共享法》将于 2017 年 9 月 1 日起在德国实施。

进入 21 世纪，德国继续促进和加强“步行—自行车—公共交通”一体化绿色交通系统的建设：解决或消除便于汽车交通的城市建设所造成的问题与不利影响。随着一体化交通系统的逐步完善，在慕尼黑等主要城市使用绿色交通方式出行的比例高达 80% 以上，即使在中小城镇，绿色交通的使用率也超过了 60%。经过交通变革的德国，进入了绿色交通的新时代，基本实现了交通的绿色转型。

4. 绿色创新

德国是世界绿色环保大国，一贯重视促进绿色环境技术创新及其产业发展，其绿色技术和产品的规模和质量也处于领先地位，如过滤、测量和控制技术、节能技术、回收技术及在废物处理、水资源管理和可再生能源以及电动汽车领域的技术。国际绿色环保技术交易数量的1/5源自德国，欧洲专利局环保专利申请量的1/4来自德国，这与其重视科技研发有很大关系。

德国联邦政府在绿色环境技术方面投入巨大，一方面直接拨款支持公立的研究所与大学开展基础技术研究；另一方面资助各类产学研联盟开展面向市场需求的应用技术。自2002年开始，德国对绿色环境技术的公共研发经费投入年均增长约为6%；在吸纳各类风险投资方面，绿色环境技术产业所占比例从2001年的0.5%迅速上升至2007年的近9%；2008年德国绿色环境技术产业领域公司和企业的研发经费平均占其总营业额的4.5%；2010年的一次调研发现，对于绿色技术产业领域的研发投入年增长率已经提高到8%。

2010年7月德国通过《2020高科技战略》，把发展节能减排、保护环境等绿色技术列为优先发展的高技术之一。标志着德国正式进入绿色技术研发时代。该战略更加注重以人为本，强调技术变革为人类利益服务。德国联邦教研部长沙玩表示，德国需要把知识和想法尽快变成创新，实施高科技战略将为德国的增长和就业提供强劲动力，德国的发展只能依靠以研发和创新为中心的科研政策。

（二）德国绿色转型的成功经验

德国在“发展—污染—治理—转型”的路上经历了波折，也取得了较大的成功，为世界的绿色发展树立了榜样。德国的绿色转型有3个关键性决策。

1. 生态税收引导有效促进了绿色转型发展

1999年实行《生态税改革法》，虽然刚出台时受到大多数人的反对，但由于每次加税幅度不大，使得政策得以延续。很快生态税带来的绿色效益体现了出来，2000—2002年德国的汽油消耗逐年缩减4.5%、3%和3.1%。同时，德国政府将90%的生态税所得收入用于社会保障支出。如2003年，186亿欧元生态税收中将近161亿欧元用于补充企业和个人养老金，而这又给德国制造业创造了近25万个工作岗位。真正体现了在治理环境绿色转型中“取之于民、用之于民”的治国之道。

2. 完备详尽的环保法是绿色转型成功的保障

完备、详细的绿色环保法律体系为德国绿色转型发展奠定了基础、描绘了框架，是德国完成绿色转型的中坚力量。如2000年出台的《可再生能源优先法》规定，德国的电网运营商必须以法定的费率优先收购可再生能源供应商的电力。新能源入网电价虽然几倍于常规电价，也一度受到排斥，但在政府的大力推动下，供应商的投资积极性并未受到影响。该法还在2003年、2008年、2011年和2014年先后4次对其进行修订，加大了新能源入网电价逐年递减的幅度，加大新能源发电科技研发，不断降低发电成本。

3. 创新战略是绿色转型发展的核心动力

创新是生存之本。德国政府在制定创新政策中，注重切实可行的各种配套政策，鼓励发展绿色技术产业的企业开展创新活动，如为了激励技术创新与市场结合，对绿色技术产品实行减免税、进行政府采购等措施。重视技术研发促成了“绿色技术德国制造”的称号。受益于《工业3.0》《德国2020高科技战略》《工业4.0》等一系列环保法规及大量的政府补贴，德国在环境保护、可再生能源、绿色建筑等方面的技术一直居于世界领先地位，也为经济和劳动力市场带来积极影响。当前德国绿色转型的核心就是促进技术创新，实现由传统环境技术向新兴绿色环境技术的转变，继续保持其在绿色环境技术研究领域的世界领先地位，引领世界绿色发展。

二、丹麦

（一）绿色转型战略和政策

当前，丹麦被公认为是世界上实现绿色低碳发展最为成功的国家之一，而丹麦同样走过了其他发达国家先污染后治理的发展之路。“二战”后，丹麦经济获得快速增长，对化石燃料的依赖日益加重。到20世纪60年代，不合理的资源能源使用让丹麦面临严重的环境污染问题：大气污染和酸雨危害、波罗的海海藻过度繁殖、内陆湖泊和河流严重污染，生态环境受到极大破坏。70年代，全球石油危机爆发，给90%的能源依赖进口的丹麦带来了极度恐慌。为应对环境污染与石油危机，丹麦政府着手制定一系列新能源环境政策；同时，面对日益严峻的环境问题和气候变化挑战，丹麦能源政策的重心开始转向能源效率和可再生能源。目前，丹麦在能源效率和可再生能源开发利用方面已经走在了世界的前列，低碳经济与绿色能源技术成为世界的领跑者，形成独具特色的“丹麦经验”。

1. 绿色能源战略

丹麦的能源政策，一方面是大力发展可再生能源，包括风能、生物质能、生物乙醇、太阳能、燃料电池、氢能、海浪发电和地热等的发展都得到丹麦政府的积极鼓励；另一方面是提高能源利用效率，主要包括提高电厂发电效率，实行地区电热联产，提高测量水平以及推动建筑和交通节能等。

首先，能源立法。为了保证能源节约、提高能源效率和促进可再生能源领域发展，丹麦政府特别注重通过立法提供制度保障。早在1976年和1979年就颁布了《供电法案》《供热法案》，接着，在1981年出台了《可再生能源利用法案》（2008年修订）和《住房节能法案》，2000年发布了《能源节约法》，2003年制定了《能源供应法案》（2010年12月做了修订）。

其次，能源战略与协议。2008年丹麦颁布《能源政策协议2008—2011》，旨在促进可再生能源发展、提高能效以及增加对能源相关技术的研发投入。2009年，丹麦政府推出了“绿色增长协议”，用于促进自然、环境与农业可持续发展。2011年，丹麦政府发布了《能源战略2050》，提出了实现国家能源至2050年完全摆脱对化石燃料依赖的长期目标以及各项政策措施，确保丹麦工业在能源、气候与环境科技方面的世界领先地位。2012年，丹麦政府公布了《丹麦能源政策协议》，提出到2020年实现能源消费总量在2010年的基础上减少7.6%，可再生能源比重达到35%，其中，风电占丹麦电力消费总量达到50%。

2. 绿色税收与财政补贴制度

丹麦通过实施前所未有的绿色税收制度，初步建立以能源税为主，其他税种相互配合的绿色税收体系，促使消费者放弃高污染、税负高的传统化石能源，选择价格和污染较低的新能源，有力地推动了能源结构改善和经济发展绿色转型。丹麦于1977年开始征收普通能源税，最初适用于石油和电产品，目的是促进能源节约和促进刺激以其他能源替代石油。1992年开始征收二氧化碳税，目的是减少二氧化碳的排放量，寻找替代能源。1993年通过环境税收改革，成为第一个真正进行绿色税收改革的国家，形成了以能源税为核心的包括垃圾、包装、水等在内的16种绿色税。绿色税是丹麦将税收工具大量运用于绿色转型的重要战略，实现了低碳和能源替代的结构性转变。

财政补贴和价格激励制度，为丹麦可再生能源发展提供了重要的资金支持和经济激励。早在1979年，丹麦政府就对投资安装风电、太阳能和沼气池的个人、市政当局和农场补助安装费用的30%。1981年，政府出台可再生能源上网电价补贴政策，根据不同的并网年份采取差异化的电价补贴政策。此后，丹麦政府利用财政补贴和价格激励制度积极推动可再生能源进入市场，包括采用固定风电价格，对“绿色”用电和近海风电的定价优惠，以保证风能投资者利益，对生物质能发电采取财政补贴激励等。由于丹麦可再生能源产业自我发展良好，市场竞争力强，丹麦能源部长已于2017年提出“在未来几年内取消全部可再生能源补贴”。

3. 绿色技术创新与研发

加快能源部门的技术创新也是丹麦政府激励绿色低碳发展的重要举措。《能源科技研发和示范规划》的制定，确保了政府对能源科技研发的投入支持，以便最终将成熟、价格低廉的可再生能源技术推向市场。《能源政策协议2008》和《绿色增长协议2009》中都规定了对可再生能源技术发展的资金投入。丹麦的绿色技术创新调动了全社会的力量，注重广泛吸纳科技人才进入新能源行业，建立起政府与企业、科研机构广泛的合作关系，为积极推进研发成果的商业化应用，保证了其在节能减排和可再生能源技术方面走在了世界前列，成为欧盟众多成员国中绿色低碳发展的成功典范。

4. “零碳城市”建设——以森讷堡市为例

森讷堡市于2007年开始实施“零碳”项目，旨在通过绿色可持续发展创造森讷堡市地区的经济增长，如今已成为欧洲著名的绿色生态示范城市。“零碳项目”的目标是：到2029年，城市能耗与2007年相比降低38%，同时，通过开发利用可再生能源，实现“零碳”排放。实现这个目标主要通过3条路径：第一，优化能源效率，增强企业竞争力并降低居民能耗支出；第二，加强对可再生能源的综合利用，以当地可再生能源的利用为主，以离岸风电作为补充；第三，采用智能动态能源体系，能源消耗与能源生产高效互动，能源价格根据能源供应量浮动，从而合理控制能源消耗。森讷堡“零碳项目”建设主要经验包括热电联产供应绿色能源（垃圾焚烧发电）、零碳建筑（被动式正能源屋）、高能效社区建设、企业能效优化等。

（二）丹麦绿色转型的成功经验

以“零碳”为目标的“丹麦绿色发展模式”，已经成为全球探寻能源供应和安全最为成功的“实验室”，其成功经验主要包含5个要素。

1. 政策先导

丹麦政府把发展低碳经济置于国家战略高度，从国家利益高度出发，调动各方面资源，统筹制定国家能源发展战略并组织监督实施，逐渐涵盖国内能源生产、能源供应和分销以及节能领域。丹麦始终坚持节能优先，积极开辟各种可再生能源，即“节流”与“开源”并存的原则，大力开发优质资源，引导能源消费方式及结构调整。还专门设置了丹麦气候变化委员会，为国家构建起无化石能源体系设计总体方案，并制定实施路线图。为了发展零碳经济，丹麦政府采取了财政补贴、价格激励等一系列政策措施推动可再生能源进入市场，包括对“绿色”用电和近海风电的定价优惠，对生物质能发电采取财政补贴激励等。同时，在建筑领域引入了“节能账户”的机制，鼓励实施建筑节能。丹麦还出台有利于自行车出行的道路安全与公交接轨优惠政策和具体措施，成为名副其实的“自行车王国”。

2. 立法护航

从立法入手，通过经济调控和税收政策实现绿色可持续发展。对化石能源产品收取高额税费，例如，电费包含高达57%的税额，如果不采取节能方式，就要付出高昂代价；对于节能环保的产业与行为进行税收减免，如在20世纪80年代初期到90年代中期对风机发电所得的收入一直没有征税；在运输领域，对电动汽车实行免税。税收优惠与减免政策起到了很好的导向作用，促使更多人自觉选择价格和污染相对较低的能源。

3. 公私合作（PPP 模式）

丹麦绿色发展战略的基础是公共部门和社会各界之间的有效合作。国家和地区在发展绿色大型项目时，在商业中融合自上而下的政策和自下而上的解决方案，这种公私合作可以有效促进企业、投资人和公共组织在绿色经济增长中取长补短，更高效地实现公益目标。森讷堡市的“零碳项目”便是公私合作的一个典型案例。

4. 技术创新

丹麦把发展节能和可再生能源技术创新作为绿色转型发展的根本动力。在政府立法税收的引领下，调动全社会的力量，吸引企业积极参与，投入大量资金和人力进行技术创新，催生出一个巨大的绿色产业，让丹麦成为欧盟国家中绿色技术的最大输出国。在“节流”方面大力推广集中供热，发展建筑节能技术；在“开源”方面积极开发可再生能源，风电技术独步世界。

5. 全民“低碳”意识培育

20 世纪爆发的能源危机与环境安全问题，让丹麦人不断反思，从最初对国家能源安全的焦虑，深入到可持续发展及人类未来生存环境的层级，包含自然环境、经济增长、财政分配和社会负率等各方面因素，据此勾勒出丹麦的绿色发展战略，绘制出实现美好愿景的路线图，并贯彻到国民教育中，成为丹麦人生活方式和思维方式的一部分。丹麦今天“零碳转型”的成功，与其特有的全民终生草根启蒙式的“平民教育”密不可分，通过创造全民精神“正能量”而达到物质“正能源”，从而向“以人为本、尊重自然”的良性循环发展模式的“绿色升级”。

三、对我国的启示

（一）充分发挥政府的引领作用

绿色转型是国家自我反思、自我改正的产物，绿色转型的进展快慢、成功与失败的主要影响因素是政府。国家战略的实施、法律法规的配套、资金运筹、大局观等都需要政府的引领。如德国 1999 年实行的《生态税改革法》及 2000 年出台的《可再生能源优先法》在当时都受到了极大的阻碍，由于政府大力的推进才得以继续实施，最终因惠民效果而被人们接受。

（二）注重系统性政策的配套使用

制定系统性的配套政策是发达国家推进绿色转型的普遍做法。德国、丹麦等发达国家在绿色转型的政策制定与实施上均在不同程度上体现了这一点，从国家战略目标和重点、到专项行动方案、再到配套保障措施，基本上形成了一个完整的支撑体系。如丹麦政府在制定了一系列低碳经济发展政策后，又进一步加强立法来巩固既定政策的实施，在颁布《能源战略 2050》的基础之上，推出《绿色增长协议》《能源政策协议》，辅以绿色税收、财政补贴等制度，以促进绿色转型战略目标的实现。

（三）创新是绿色转型中不可或缺的一部分

绿色技术的创新是摆脱污染能源、落后技术的关键因素，也是推进绿色产业发展的重要前提。从各发达国家的绿色转型史来看，无不重视绿色领域的科技创新活动，纷纷投入巨大的人力物力来研发绿色技术和相关产品。如德国不断加大对绿色技术的投入，在过滤、节能技术、回收技术及在废物处理、水资源管理和可再生能源以及电动汽车领域的技术均达到世界领先地位。丹麦是世界上最早开始进行风力发电研究和应用的国家之一，其风电技术，尤其是海上风电技术成为世界的领跑者。

（四）提倡产学研之间的合作

发达国家在推进绿色创新中鼓励产学研之间的合作在一定程度上加快了绿色转型的脚步。企业、高校和科研院所三者的结合可以更好地促进技术的创新，并为新的技术提供更好的实践平台，进而推动绿色转型战略的进程。如丹麦的“工业博士项目”，一个由政府宏观调控，企业、大学和工业博士互相合作的科研项目，在丹麦科技创新领域发挥了巨大影响力。德国企业与研究机构的密切联系，在国际上独一无二，超过半数的企业与高校有一定形式的合作；德国的国家创新战略《高新技术战略》，其实施基础就是以企业、高校和科研机构组成的创新网络。

（五）重视公众参与在绿色转型发展中的作用

绿色转型战略是每个国家由经济发展到可持续发展的必经之路，发达国家如德国、丹麦在绿色转型发展中，公众参与都起到了重要的作用，政府主导、宣传绿色生活理念、鼓励公众参与成为大多数发达国家绿色转型的成功之道。如在丹麦，“绿色空间品牌化战略”将公众、政府和社会三方主体进行了有效融合，三方协作逐步推进城市绿色发展；在政府激励下，让首都哥本哈根全民皆骑士，成为享誉世界的“自行车之城”。

参考文献

车巍．2015. 丹麦绿色发展经验对我国生态文明建设的借鉴意义［J］. 世界环境，5：28-31.

高萍．2005. 丹麦“绿色税收”探析［J］. 税务研究，4：92-94.

黄阳华．2015. 德国“工业 4.0”计划及其对我国产业创新的启示［J］. 经济社会体制比较，2：1-9.

金乐琴．2014. 德国能源转型战略及启示［J］. 调研世界，11：61-64.

来尧静，沈玥．2010. 丹麦低碳发展经验及其借鉴［J］. 经济研究，13（6）：100-103.

李建军，袁明敏．2015. 德国绿色能源城镇建设：思路、策略与经验［J］. 山东科技大学学报，17（6）：8-12.

李晓西，郑艳婷，蔡宁．2012. 能源绿色战略的国际比较与借鉴［J］，国家行政学院报，6：23-29.

单国瑞，佩德森．2015. 丹麦绿色转型的长线战略观察——从成本效益发展模式转向节能和可持续发展模式［J］. 学术前沿，22-34.

张梅．2015. 2025 年德环保对经济贡献率将达 20%［J］. 中国投资，6：15.

朱秋睿，冯相昭．2015. 丹麦何以成为全球绿色低碳发展的翘楚［J］. 世界环境，5：20-23.

（主笔人：张慧智）

报告 16　宁夏科技特派员制度建设经验及对北京的启示

科技特派员制度是科技部等有关部门科技惠农的重大举措。自1999年在福建南平开始试点以来，数十万科技特派员从城市走向乡村，把科技创新资源和现代市场要素有效植入“三农”，最大限度地释放并激发了科技人员和农民创业的热情，为解决“三农”问题提供了可持续发展的内在动力和外部环境。北京市科委及有关部门在推行科技特派员制度的过程中，立足首都科技资源和新农村建设的实际情况，探索乡土化、市场化、信息化、社会化四位一体的科技服务“三农”发展机制，创造性地开展了以“农村科技协调员”为特色的农村科技工作，极大地调动了首都农业科技工作者和百万郊区农民建设社会主义新农村的积极性。

但是，受利益与风险、体制与政策等多种因素的影响，科技特派员制度本身在发展和完善的过程中，也逐渐暴露出一些突出问题，主要表现在：科技特派员身份不明确，管理体制不健全，政府扶持力度不够，工作队伍不稳定等。2016年5月，国务院办公厅印发《关于深入推行科技特派员制度的若干意见》（简称《意见》），提出要深入实施创新驱动发展战略，壮大科技特派员队伍，完善科技特派员制度，重点围绕科技特派员创业和服务过程中的关键环节和现实需求，引导地方政府和社会力量加大投入力量，为科技特派员农村科技创业提供技术支撑。随后，2017年1月10日，北京市12个委办局联合印发《关于深入推进科技特派员工作的实施意见》（京科发〔2016〕720号），以落实国家创新驱动发展战略，进一步激发广大科技特派员创新创业热情，加快北京全国科技创新中心建设，推进农村大众创业、万众创新，促进农村一二三产业融合发展，服务京津冀协同发展。

随着宏观经济环境变化，科技特派员制度的具体内涵和表现形式也将随之发生相应调整，对新时期科技特派员制度建设也提出了更高的要求。习总书记在“十九大”报告中指出，“支持和鼓励农民就业创业，拓宽增收渠道”。近年来，各省市对科技特派员实践进行了不断地丰富和发展，其中，宁夏回族自治区（以下简称“宁夏”）开展的以科技创业活动为主要特征的科技特派员制度，形成了“宁夏模式”，具有突出的创新意义和广泛的推广价值。因此，本文对宁夏科技特派员的工作模式、运行机制等具体实践进行梳理归纳，提炼其创新做法与工作经验，以期为北京市推进科技特派员制度建设、健全科技特派员支持机制提供借鉴参考。

一、宁夏推进科技特派员工作的主要措施

近年来，宁夏采取有力措施深入推进科技特派员创业行动，使科技特派员队伍不断加强，创业带动作用明显增强。2017年，宁夏自然人科技特派员3 136人，法人科技特派员1 400家，科技特派员服务农民30万户，带动就业9万人，引领千余家科技特派员企业和农村经济合作组织深入产业链各环节开展创业服务，培育出27个国家和自治区级科技特派员创业链，有效实现了产业联盟，有力地助推了现代农业发展。

（一）强化队伍建设，提升服务能力

宁夏对科技特派员队伍实行每年“淘汰一批、吸收一批”的动态管理模式，年调整幅度在10%以上，保证科技特派员的创业活力。每年安排一定资金对科技特派员进行专业技能、创业水平、品牌培育等方面的培训，年培训1 000人次以上，保证了科技特派员队伍的优化和良性发展，使全区创业科技特派员人数稳定在3 100人左右。

（二）合理配置资源，培育市场主体

宁夏科技特派员将科技、人才、资金、管理等先进生产要素植入基层，与农民结成各种形式的利益共同体，运用多种信息化技术和手段，为农户提供科技咨询、技术培训、市场信息等服务，实现科技服务与农民、农业生产对接，将先进科技成果带入农业一线。科技特派员围绕设施果菜、枸杞、六盘山道地中药材、长枣等特色产业，在产业各环节开展创业，创办领办企业、家庭农场、农村经济合作组织等多种农业生产经营主体，提升了产业的组织化程度。同时，依托科技支撑计划、星火计划、后补助等项目支持，一批科技特派员企业和农村经济合作组织的规模迅速做大，创新能力快速提升，科技示范作用日益明显。

（三）强化科技引领，加速成果转化

宁夏科技特派员积极引进集成推广新品种、新技术、新设备，通过“做给农民看，带着农民干，帮着农民赚”，使一大批科技成果和模式直接应用到农业生产领域，促进了当地农业产业发展。目前，宁夏已建设科技特派员创业基地暨农业科技示范园区31家，开展新技

术、新品种的试验示范，推广新品种 1 808 个、引进新技术 1 093 项。

（四）发挥机制优势，助力精准扶贫

在鼓励农村科技创业的同时，宁夏每年还选派 800 名科技特派员深入中南部山区进村服务，在设施农业、畜牧养殖、特色种植、庭院经济、信息等领域开展科技服务和示范带动，探索特色产业“创业”式扶贫的新模式等。在贫困地区引进新品种、新设备，示范推广新技术，开展种植业、养殖业等各类培训班，培育科技示范户和农户，以带动当地贫困户增收。

二、宁夏科技特派员制度的运行机制

为充分发挥和保护好科技特派员扎根实践、激情创业的积极性，宁夏在坚持政府、社会、市场三线推进的科技特派员创业模式基础上，大胆实践和创新，逐步探索建立了农村科技创业与服务的选人用人、政策扶持、利益导向、考核激励、项目带动、金融跟进及信息化推动等七大工作机制。

（一）选人用人机制

宁夏各地从本地实际出发建立健全了科技特派员的选派、考评和淘汰机制，除选派学有所长、有实践经验、有经营头脑的科技人员做特派员外，还结合科研院所改革，选派技术实力、资金实力雄厚的科研院所以法人特派员身份参与创业行动，使科技特派员队伍始终保持了活力。无论科技特派员是个人还是法人，其选用不是由政府硬性指派，而是按照双向选择的要求，一方面根据科技人员的技术专长和意愿确定选派方向；另一方面根据各地优势特色产业的实际需求或当地

实际情况和项目建设需求选派科技人员，形成了项目选人和人选项目的双向选择机制，从而提高了科技与农业结合的效果。经过双选，具有“德、能、勤、绩”等基本素质且具有某方面特长的科技人员经确定成为特派员，在签订3~5年的创业合同或协议后，即可开展农村科技创业与服务。在合同或协议期满后，可以重新回到原单位上班，也可以继续开展创业活动。

（二）政策扶持机制

为保证科技特派员安心创业，宁夏提供了3种有效的政策扶持：一是针对个人的政策，所选派的科技人员成为科技特派员后，实行“三保两优先”政策，即保证国家干部身份、编制、工资、福利待遇和工作岗位不变，在晋升职务和优评优先上优先考虑。二是针对创业的政策。科技特派员在创业中，优先给予相关项目支持，并按规定、按比例减免有关税费。三是针对融资的政策。为解决科技特派员创业过程中出现的融资难问题，宁夏设立了科特派创业基金和担保中心，为提出申请的科技特派员和创业实体提供一定的担保和贴息服务。同时，政府积极协调帮助科技特派员开展创业资金借贷服务。

（三）利益导向机制

为切实提高科技特派员农村科技创业与服务成效，宁夏实行了“三不三奖”激励政策，即对科技特派员创业行动分红、收入不查，技术入股所占比例的大小政府不管，特派员自愿创业的，原单位不阻留；特派员创业期间，有重大贡献者奖励1万~3万元，成绩突出、效果明显的，工资提前晋档一级，指导农民增收幅度较大的，可评为优秀公务员。这些政策从利益关系上强化对特派员的激励和约束，推动科技创业与服务业绩和利益报酬挂钩。政府除保证特派员的身份、编制、工资福利待遇不变，对特派员的创业行动在政策、融资上给予一定的支持外，还鼓励科技特派员以资金入股、技术参股、租赁经营、独资创办、技术承包等多种形式与农民、专业大户和龙头企业结成“利益共享、风险共担”的利益共同体，通过开展技术服务、经营管理获取合法收益。利益导向的明确使科技特派员创业行动达到了农民与科技人员双赢的效果，不仅调动科技人员创业积极性，而且构建起了将技术、服务、资金、知识等先进生产要素植入农村的良性运行机制。

（四）考核激励机制

为加强科技特派员创业行动目标和责任的落实，推进科技特派员创业行动深入发展，宁夏以激发农业科技人员创造性为突破口，不断完善考核激励机制，先后出台了一系列考核办法和考核细则，将科技特派员创业工作纳入当地政府工作目标的管理考核范围。各市县也按照各自特点制定了相关考核办法和优惠政策，通过严把科技特派员进口关、程序关、考核关、运行关和探索在创业链上建立科技特派员托管站等方式，完善了科技特派员考核管理办法。此外，自治区科技特派员创业行动领导小组办公室对科技特派员项目管理和验收工作提出了明确要求，加强了对县区项目管理工作的实地督促和检查，有效地保证了项目的规范有序实施。

（五）项目带动机制

项目支撑是宁夏科技特派员农村科技创业与服务行动的有效载体，也是做大做强优势特色产业的重要抓手。为培育一大批科技创业实体，进一步提高农村经济组织化程度，宁夏通过项目整合、项目倾斜、项目扶持等措施，推动科技创业与服务行动持续开展。自治区集中农、林、水、牧、科等多部门项目资金，按照“捆绑使用、整体推进”的原则，集中农业综合开发项目资金、扶贫项目资金、科技创新项目资金、中小企业扶持资金、专项资金、高新技术企业担保资金等项目资金，通过整体推进方式加快科技成果转化。在项目捆绑使用过程中，结合产业发展和创业特点，要求科技特派员带着项目干、做给农民看、领着农民赚，既解决了科技人员创业中的“单打独斗”、难成气候的现象，同时，也有效提高了项目利用率，使科技创业发挥出良好的辐射带动效应。

（六）金融跟进机制

科技创业与服务离不开金融的扶持与支撑。为解决科技特派员创业过程中出现的资金短缺问题，宁夏及时为各类科技人员创业提供有效的资金信贷，摸索出了一条金融和科技相结合、小额贷款和创业行动相配套的新型金融服务机制。首先探索建立了“金银铜”卡制度，为初创期科技特派员创业提供金融支持，取得了较好的效果。随后又根据科技特派员创业行动深入开展的需要，探索在有条件的市、县（区）建立了科技特派员贷款担保基金，充分发挥了担保基金四两拨千斤的作用。此外，通过支持科技特派员领办或创办的合作社联合社，建立贷款抵押互助资金，以“三户联保”的方式向商业银行申请贷款。金融跟进使科技特派员与金融机构形成了利益共同体，拓宽了科技特派员创业的融资渠道，促进了科技创业与服务行动的持续、快速发展。

（七）信息化推动机制

为探索信息服务促进农村创业的发展模式，宁夏发挥科技项目在全区信息资源整合、技术集成和应用服务中的引领作用，建立起

“信息资源整合共享、生产管理智能化辅助决策、信息点自我创业的服务体系建设、多元化分类推进应用”的农村信息化模式。同时，建立信息科技特派员制度，培养信息科技特派员队伍，尝试建立了信息服务站“公共服务+企业经营”的长效机制。通过培育从事农村信息经营服务的信息科技特派员法人实体，推动信息科技特派员创业，把提供科技服务与开展网上查询、电子商务、党员远程教育、文化大片放映、农民实用技术培训和农村劳务培训等服务相结合，在实现自我发展的同时，为“三农”提供及时有效的服务。

三、宁夏科技特派员制度的典型模式

宁夏鼓励、支持、引导科技特派员以多种形式与农民、专业大户、农业园区、农村经济合作组织、农业（龙头）企业等结成利益共同体，把土地、劳动、资金、技术、管理、营销、信息等生产要素通过契约方式有机结合在一起，探索了一条以科技创业和信息化服务为主要特征的工作机制。通过不断探索，一批以科技特派员为纽带、以农村信息化网络平台为依托的农村科技创业与服务模式应运而生，在宁夏现代农业与农业产业化的发展进程中发挥着积极的作用。

（一）“科技特派员+农业（龙头）企业+农户”模式

该模式是科技特派员以企业为依托，深入农户开展服务。科技特派员负责组织生产、加工等，企业负责产品的回收与深加工，形成企业、科技特派员与农户相互联结的利益共同体。

（二）“科技特派员+示范园（基地）+农户”模式

该模式以示范基地作为新品种、新技术、新成果的展示平台。科技特派员通过创建或入驻示范园，开展新品种、新技术的研究、示范和推广活动，推动具有地方特色的产业加速发展，辐射指导带动周边农户共同创业致富。

（三）“科技特派员+合作社（协会）+农户”模式

该模式通过科技特派员组织成立农民专业技术合作社（协会），以土地流转等方式组织农民开展标准化生产和品牌化经营，促进农业科技成果的转化应用，在为农民提供科技服务的同时，实现互利共赢。

（四）“法人科技特派员”模式

该模式通过将农业科研院所、企业、农产品营销大户等单位、社团和各种所有制企业纳入法人科技特派员范畴参与农村创业，发挥企业的资金、技术、人才、管理、市场等综合优势，以企业的形式整合更多的资源到农业生产第一线，加速科技成果转化，促进特色优势产业发展，带动农民增收致富。

（五）科技特派员创业与信息化结合模式

科技特派员利用信息网络平台资源和贴近农村市场的便利条件，通过开展信息查询服务、手机短信服务、特服号码专家服务、视频服务和科技人员现场服务等多种途径，为农民提供优质、高效的科技服务，促进农业增效和农民增收。

四、对北京的经验与启示

（一）政府推动和市场驱动相结合

科技特派员开展的科技服务包含了公益性和有偿性 2 种类型，其中，科技特派员提供的公益性服务会存在市场失灵的情况，提供有偿性服务环节也会存在政府失灵的情况。因此，要通过政府引导和市场运作相结合，实行政府、社会、市场三线推进，建立利益导向的长效机制。从科技特派员开展农村科技创业与服务的环境上看，既包括创业与服务的硬件，如科技特派员服务平台的建设和维护，也包括软件环境，如相关协会的建立等，都离不开政府的协调和扶持。而科技特派员实现个人价值和创业目标又离不开市场环境开展有偿服务。建设科技特派员制度，在政府部门高度重视的同时，也要充分发挥市场手段对科技特派员的激励作用。

（二）部门联合行动是组织管理保障

科技特派员制度是一项系统工程，尤其是农村科技创业与服务的开展需要多个部门的支持与协调。宁夏科技特派员制度启动之初，就成立了政府主要领导主抓，组织、宣传、科技、农牧、财政、人事、农信社等 20 个部门为成员单位的创业行动协调领导小组；先后制定了《宁夏科技特派员创业行动方案》《关于深入开展科技特派员创业行动的意见》等 20 多个规范性文件。多部门的共同参与在政策服务、丰富科技特派员来源、协调部门资源支持、创业服务平台建设等多个方面发挥了重要作用，为开展农村科技创新创业奠定了组织基础。

（三）严格把控科技特派员的准入机制

能否实现科技与现代农业和农村经济发展的结合，把科技变成农村发展的第一社会生产力，根本在人。科技特派员受到农村干部群众的普遍欢迎，其根本原因是科技特派员自身素质过硬，能为农民生产发展排忧解难。为了优化队伍建设，保证队伍的稳定性，宁夏科技特派员提出坚持“自愿报名，双向选择”的原则，鼓励、引导各行各业的使用人才积极投身农村生产一线开展科技创业，注重选派优秀科技特派员。同时，做到跟踪管理，每 2 年一次对科技特派员工作先进集体和个人进行表彰奖励，每年与各市县区签订《科技特派员创业行动目标责任书》，将科技特派员创业工作纳入当地政府工作目标的管理考核范围，促进科技特派员创业政策的落实，营造良好的创业氛围。

（四）切实提升科技特派员福利待遇

加强科技特派员的投入是推进科技特派员制度发展的外在动力。在市场经济条件下，持续激发科技特派员的工作热情，需要相对完善的利益联结机制。宁夏十分重视优化科技特派员政策环境，在项目支持、职务晋升、职称评聘、福利待遇等方面给予科技特派员实实在在的优惠条件，不仅实行“三保两优先”的政策扶持，解决了科技特派员的后顾之忧，而且在项目带动上，自治区财政每年安排 1 000 万元专项经费对创业行动予以支持，从而使其专心投入到农村科技创新创业中去，取得了显著成效。

参考文献

陈海洋，王正义．2016. 关于科技特派员队伍建设的思考——以宁夏为例［J］. 科技经济导刊（33）：215-217.
傅晋华，王雅利．2012. 我国科技特派员农村科技创业机制研究［J］. 中国科技论坛（07）：137-141.
李芸，夏英，张伟宾．2013. 科技特派员农村创业行为评价探讨［J］. 农业经济问题，34（04）：88-94.
刘冬梅，王书华，许竹青．2014. 新型农村科技创业与服务体系建设研究［D］. 北京：科学技术文献出版社．
孟鹤，刘娟．2011. 北京市农村科技协调员调查分析［J］. 中国科技论坛（09）：128-133.
檀学文．2007. 宁夏科技特派员制度的机制与效果［J］. 中国农村经济（04）：60-68.
曾业松，赵建军，等．2010. 科技特派员行动与制度创新［D］. 北京：中共中央党校出版社．
张秉宇．2013. 我国农业科技特派员制度发展概述［J］. 农业科技管理，32（03）：61-62+65.

（主笔人：赵姜）

报告 17　我国农技推广体系建设成效、挑战及对策建议

随着家庭农场、专业大户、农民合作社等新型农业经营主体的大量涌现，农业规模化、标准化、集约化程度不断提高，传统的农业社会化服务已经不能满足新型农业经营主体的需求。“十九大”报告提出了“构建现代农业产业体系、生产体系、经营体系；培育新型农业经营主体，健全农业社会化服务体系，实现小农户和现代农业发展有机衔接”。因此，加强公益性农技推广机构改革，不断创新技术推广机制方法，建立政府公益性推广机构主导下、社会化服务组织协同服务的农技推广体系，成为我国农技术推广事业发展的重点内容。为应对新时期农业生产经营形势的变化，各地在农技推广机制方法方面进行了有益探索，并积累了成功经验，值得总结学习和借鉴推广。本文在对我国甘肃、陕西、山西、山东等 7 个省市调研基础上，分析了我国农技推广体系建设的典型模式和取得的成效，针对面临的挑战，提出几点对策建议。

一、我国农技推广体系建设的典型模式

为更好地开展技术推广和服务农业农民，各地公益性机构通过完善内部制度，组织再造、政策创设、与社会化服务组织对接等方式，探索了多种有效的技术推广模式。同时，在政府公益性机构引导下，

社会化服务主体围绕农民需求，创新技术服务方式，涌现出不少典型。

（一）政府公益性机构主导模式

公益性机构在理顺体制、强化岗位管理制度基础上，提升基层农技推广服务能力，促进了农业科技进村入户。例如，甘肃省庄浪县立足“提升县中心，强化区域站”的思路，建设并形成了“区域建站、突出产业、特色管理、创新运行、高效服务”的“庄浪模式”。按打造产业区域服务网络，建立了以县级农技推广中心为引领，9个乡镇区域站为支撑、64个村级服务站为补充的县、乡（镇）、村三级农技推广体系。将基层农技推广机构的“权”收归县级农业行政部口垂直管理。将区域站“人财物”与乡镇政府相脱离，有利于农技人员专注于本职工作，有利于市级农技推广机构根据区域产业发展需求，进行资源整合与优化配置。庄浪还推进了人事制度改革和目标管理责任制，按岗位来配置技术推广人员，实现身份管理向岗位管理转变，使技术人员的工作更有针对性和实效性。建立了“专家+农技人员+科技示范户”的农技推广通道，采取“十百千”的方法抓点示范，以带物资带技术方式提供技术服务。

（二）政府公益性机构引导模式

通过政府农技推广机构引导和支持，企业、农民合作社等新型社会化服务组织不断发展壮大，这些组织在自身发展过程中，开展新品种新技术的试验、示范和推广工作。这一过程中，政府农技推广机构履行了扶持、引导和监督职能，社会化组织发挥了技术传递的作用，提高了技术传播效率。例如，甘肃省张掖市山丹县，以县、乡农技推广部门为责任主体，主动应对新型经营主体快速发展的“新常态”，建设并形成了“立足主导产业、突出新型主体、紧扣关键节点、区域整体推进、全程全员服务”的“山丹模式”。山丹县政府紧密结合本地农业生产条件，重点建设马铃薯、玉米籽种、油菜等高效粮油、经济作物生产基地；加大土地流转力度，建立了能人带动型、企业基地型、主体经营型和亲友依托型的土地流转模式，山丹土地流转率60%以上；政府公益性机构引导种植大户、专业合作组织、涉农龙头企业等新型经营主体，紧扣产前、产中和产后关键环节，把主导品种、主推技术和配套的生产资料，落实到田间地块。政府公益性机构还围绕新型经营主体，建立技术团队，落实技术措施，实现区域整体推进。探索出“1+N+N”结对服务模式和“专业服务组织+土地所有者+投资者”合作的PPP模式。再如，湖北天门市农业局以华丰农业合作社为抓手，加强培育扶持力度，使其从只有9人小农机作业服务队，发展到拥有268多社员的全国十强农业合作社。近10年发展中，天门市农业局在农田水利基础设施建设、烘储设备设施采购等方面给予合作社大力支持；双方围绕稻田综合种养、再生稻生产进行合作技术的试验示范；以合作社为核心搭建了新型职业农民培训基地的基地、配方施肥站、水稻集中育秧基地、病虫害预报监测点、土壤检测取样点、循环农业示范点、“三新”技术和装备示范点等社会化服务平台，很好地服务了当地产业发展，打造了农技推广服务的“华丰模式”。

（三）政府公益性机构购买服务模式

针对乡镇级以下农技推广力量薄弱的问题，政府农技推广机构采取购买服务方式，聘用村级技术员或成立村级工作站，开展新技术推广工作。例如，甘肃省张掖市林泽县采取“县聘、镇管、村用”运行机制，选聘75名村级农民技术员，实行“职业培训、绩效管理、工薪待遇”管理，充实公益机构在村级的技术推广力量。陕西渭南市蒲城县农技推广中心，引导各村建立了340个村级工作站，每个村级工作站遴选科技示范户5个，每户辐射带动普通农户10个，通过这一渠道将农业技术传递到农民手中。2016年，该中心又创新性地提出以村级工作站为阵地，联合全县80多个种植大户、家庭农场及专业合作社等成立了“蒲城县新型农业经营主体联合会”。以联合会成员为主要服务对象并辐射带动广大农民。联合会重点解决单个合作社、种植大户、家庭农场解决不了和解决不好的问题，铸造蒲城农业发展的“火车头”，打造富有蒲城特色的优质品牌和优质农产品生产基地。

（四）政产学研协同服务模式

高校和科研院所发挥了科技源头优势，联合县（区、市）政府，以试验站、技术承包等形式推动科技成果转化。例如，西北农林科技大学在建立的白水县苹果综合试验站，在县政府支持下，采取“1+4+4”（1个大学专家+4个县级推广人员+4个乡村技术骨干）方式开展技术推广，由点带面扩大技术服务规模和效率。此外，该试验站与国家和省级产业技术体系进行一体化建设，确保了科技成果的先进性。

湖北农科院以农业部种业人才培养和种业科技成果权益改革试点为契机，在完善政策基础上，鼓励科研人员与被服务对象签订技术承包合同，针对各主体需求开展科技创新和技术服务，探索形成了“技术总承包服务模式”2016年湖北农科院与湖北楚垣集团沙洋办事处签订协议，对10万亩粮食生产实行有偿技术总承包。与2017年潜江市政府签订技术服务协议，合作期限为4年，为该市“虾—稻复合种养”提供从水稻品种到种养技术的全程技术服务，并开发出国际二级以上的“潜江虾稻”系列专用品种。广东省农科院依托政府主导的农技推广体系，联合企业共同构建了政研企“三位一体”

农技推广模式，以科技增量激活基层农技推广存量，较好地解决了基层农技推广队伍人员老化、知识更新慢、积极性不高等问题。安徽农业大学自2012年4月获批成立“新农村发展研究院”，以构建具有安徽特色的新型大学农业推广体系为主线，以体制机制创新为动力，以校县（区、市）共建“一站一盟一中心”为抓手，推动人才培养、科技创新、创业孵化、技术推广四方面工作有机结合。目前，该校已经启动了8个校地区域性综合试验站、特色产业试验站建设工作，在7个县（区、市）建立了56个农业主导产业联盟，派出了科技专家206人，联合地方农技人员483人，服务新型经营主体561个，做到了对合作县（区、市）农业主导产业的全覆盖。

（五）企业为主社会化服务模式

对农业有情怀的或资金比较雄厚企业家，在领办合作社、农业生产、农资销售过程中，依托自己组建的技术服务团队，为农户提供技术推广服务。例如，山西中农乐农业科技有限公司，媒体人杨良杰在领办合作社、进行农业生产、农资销售过程中，依托自己组建的技术服务团队，为农户提供技术推广服务。针对果农大多数年龄大，技术掌握不了，把深奥的果树理论、学术专著简单化，用最简单的方式让农民一看就懂。为果农提供“保姆式”服务。服务方式有以下几种：一是建立“公司+乡镇技术站+村级技术员”农技服务体系，以“互联网+技术服务+自有服务团队+农资供应”方式为果农提供服务。打造了“千乡万村”APP果业科技服务平台，供果农免费学习技术、在线问答和对接全国销售市场。线下建立了“技术员+配送员”农资配送网络，方便乡镇站长和会长开展工作。二是建设生产基地，以“企业生产示范基地+技术服务+农户”方式，以产品销售为纽带，指导农户开展标准化生产。三是对接销售平台，采取“互联网+技术服务+农产品销售”方式，帮助农户种植和销售果品。

山东丰信农业服务连锁有限公司，摸索建立了全程化技术承包服务模式（简称“丰信模式”）。采取的是“互联网+连锁门店+终端服务团队”技术服务方式，由作物全程栽培管理方案为线下服务提供技术支撑，是一套帮助农户种好地的服务体系，让农户种地更简单、高产更轻松。丰信公司利用积累的种植数据结合智能算法技术，构建了包含65项关键指标的农作物种植数据模型，开发了从营养、植保到田间管理的作物全生命周期种植技术方案以及专业配套的农资产品。利用互联网、连锁门店、终端服务团队向种植者提供订单式、全程化、贴心的种植服务。目前，丰信公司在已全国各地建立了多家分公司，拥有用户65万户。

甘肃谷丰源农化科技有限公司，按照“好理念、好方案、好产品、好执行、好结果”的公司愿景，探索出农业生产全程化社会化服务流程，服务节点逐步从种子处理、配方施肥、绿色防控等延伸到为种植者提供全程社会化服务。通过“公司+科研院所专家+公益性推广机构”方式，获取技术支持。采取“技术方案+其他社会化服务团队+农资供应”方式进行技术推广，其中，公司针对所服务的作物，科学集成、优化从种到收相关技术节点的方案，聘用当地专业技术团队，开展针对性的技术服务，公司负责跟踪并处理生产中遇到的问题。

二、我国农技推广体系建设的成效

（一）农技推广主体呈现多元化格局

以政府农技推广机构为推广主体的单一型服务格局已经改变，农民专业合作社、涉农企业、科研教育机构等社会化服务组织不断发展，拓展了农技推广服务体系的内涵和外延，形成了“一主多元”

农技推广体系新格局。

1. 公益性机构职能充分履行并得到拓展

为适应农业战略性结构调整，各地政府大力推进基层农技推广体系改革，组织实施“基层农技推广体系改革与建设补助项目”“基层农技推广体系改革创新试点”等，目前基本形成了“县农技中心+乡镇推广站+村级工作站（农技员）+新型经营主体+农户”农技推广网络体系，全面履行《农业技术推广法》第11条公益性职责，发挥了农业技术传播的主渠道作用。随着农业经营方式和农村社会化发展环境变化，在“一主多元”新型农技推广体系框架下，政府部门职能主导作用但不再垄断，更多的是发挥了桥梁和纽带作用，引导着市场资源和社会力量参与农技服务。政府公益性机构主体积极与农民专业合作社、家庭农场、专业大户等新型经营主体对接并提供技术服务，并引导他们之间进行联合、协作和开展自我服务，这一渠道在新技术、新品种推广中发挥了重要作用，在一定程度上解决了基层农技推广力量薄弱问题。此外，部分地区政府农技推广机构主动开展农技先进性、适用性和安全性“三性”验证的管理和验证评价工作，成为维护安全和农民利益最后一到防线，发挥“兜底”保障作用。

2. 农科教推协同开展技术创新和成果转化

由于企业、科研、教育、推广等工作在行政上归属不同部门，需要探索多方合作共赢的有效机制和技术推广方式方法。实践中，地方政府为推动当地产业发展，在土地、资金等方面出台优惠政策，积极引进科研资源、高素质人才团队等。高校和科研院所为推动科技创新和成果落地，研究并出台一系列考核和激励政策，推动科研人员下乡开展技术推广、技术承包和创新创业工作。目前，各地政府与高校、科研院所联合，建立了诸多的试验站、研究中心（院）、产业技术联盟等，为地方农业产业发展发挥了重要的引领作用。合作过程中，科研院所发挥了技术创新、人才培养和试验示范优势，地方政府则利用了推广体系链条完整的突出优势，负责成果熟化、示范和展示，双方实现了共赢。

3. 农业社会化服务企业蓬勃发展

从事农业生产性服务的企业，拥有先进的营销理念、独特的技术服务方案、先进的管理措施、高效的服务团队，凭借创新能力强、网络广、渠道畅、转化快等优势，向农民技术、农资、农机、金融等生产投入品及相关配套服务。目前，涉足农业生产性服务的企业，主要有涉农龙头企业、农资企业、互联网+公司等。这些企业重视技术自主研发，为拓宽技术获取多渠道，他们还广泛与科研或公益性机构合作开展技术研发。在技术推广方面，大多采取“农资供应+技术服务”方式开展技术推广。此外，还涌现了“技术服务+农资供应”的技术推广方式。其与上一方式本质区别在于，在企业提供的生产性服务中，技术服务重要性超过农资销售。随着服务观念转变，出现了所谓“农民不愿意掏钱的服务是无效服务”的新理念，给技术服务市场带来冲击。

4. 农民专业合作社成为技术推广重要力量

农民专业合作社是政府公益性农技推广机构、农业教育与科研以及涉农企业同广大农民之间的联结点，在基层农技推广体系中起着承上启下的桥梁纽带作用。这一类服务主体发展非常快，也是当前农村社会化服务的重要力量。农民专业合作社作为自发成立的互助性组织，充分掌握着每个成员的信息，在农技推广的过程中，农民专业合作社能精准地找到新技术的示范者，有助于科技的快速推广。在实践中，通常是由政府农技推广机构、教学科研机构引导或指导，在开展自我服务同时，辐射带动广大农民。

（二）农业技术推广服务方式在转型升级

1. 单一技术转向全过程、个性化生产服务

众所周知，农业生产面临谁来种、怎么种和种好地的挑战。一些

社会化服务企业，通过建立让农户看得见的示范服务基础上，立足用户实际和需求，为其提供技物结合的一整套方案，服务节点逐步从种子处理、配方施肥、绿色防控等延伸到为全程社会化服务。这类保姆式、全程化、一站式服务，让农户放心、省心并愿意付费用，将服务从“最后一公里”延伸到了“最后100米”。

2. 信息技术与农技推广进行了深度融合

以网站、微信、QQ、远程视频、农业物联网等为代表的信息化工具，在农技推广工作中得到广泛应用，呈现逐年递增趋势，服务范围不断扩大。由互联网+构建的平台在专家、农技员、农户之间形成纽带和桥梁，纵向传播科研推广体系的“处方”，横向传播农民生产实践中摸索的“土方”，实现技术传播的精准性和交互性。此外，实践中还涌现出大量的“互联网+农技推广”企业，这些企业借助数据、信息及渠道优势，以农技信息化产品销售为主要内容，以农民、农民技术员或政府公益性农技推广员为对象，推广农业生产的新技术、新品种。应该看到，大数据时代这些社会化服务组织网络和搜集的农户和农业生产信息数据，都将成为其后续发展资本，并产生不可估量价值。

三、我国农技推广体系建设面临的挑战

（一）农业农技需求结构变化分析

1. 农业技术需求主体结构多元化

“三权分置”改革放活了土地经营权，在保护农民相应权益的同时盘活了土地资源要素市场，加快了土地流转速度，使农业经营主体由传统农民发展为家庭农场、大户、企业等称为新型职业农民，规模化、组织化程度不断提高。与此同时，由于农业情怀以及经营传统，

使得部分农民仍不愿意放弃土地，这些小农户对于农业生产产出和质量重视程度虽然不如新型主体，但仍是中国农业生产不可忽视的一个重要主体。保供给，促增收，可持续是我国农业生产的重要目标。在农村新型经营主体与传统农户并存的今天，农业技术供给需要关注新型经营主体这些农业生产精英阶层，培养产业化带头人，同时，也要考虑普通小农户，维持其基本利益和生活稳定。

2. 农业技术需求内容发生集成化

农业种植规模不断扩大背景下，农业生产投入需求由传统的农资科技，扩大到金融、保险、管理、信息等综合要素，农业生产不仅看重产中，产前、产后各环节都成为重点。在供给侧改革背景下，市场需要的产品，需要从产业链条全过程去控制。即使有好品种，没有配套技术跟上，一样种不出好产品。随着农业生产方式加速变革，农业种植标准化、精细化生产趋势愈发明显。因此，现代农业生产的技术需求从单向技术应用向技术、设施、装备等多项技术措施集成转变，由产中服务向全产业链条服务转变。

3. 农业绿色生产技术重视程度提高

我国大力推行农业“调结构、转方式”的经济政策。“创新、协调、绿色、开放、共享”的五大发展理念，是我国社会经济未来一段时期坚持的发展规律。农产品安全、生态环境等重视，使得对于科学生产、投入产出平衡、产业融合发展、产业化等要求提高。以测土配方、水肥一体化高效利用为代表的施肥方式，将有利于提高肥料利用率，减轻农民负担，为实现供给侧改革和 2020 年化肥使用量零增长的战略目标助力。随着绿色发展和可持续发展理念的普及深入，农业生产拼资源、拼投入的传统老路难以为继，农业技术需求由资源消耗向资源节约型、环境友好型转变。

（二）基层农技供给结构变化分析

1. 农业技术供给由政府主导向多元协同转变

以政府推广机构为主的传统的推广格局悄然发生变化，社会化的农技推广力量顺势在崛起。公益性与社会化农技推广力量的竞争与发展，使得农技推广市场出现了前所未有繁荣。农民是市场主体。随着技术供给主体不断增多，农民的需求按照市场规律，谁便宜谁有利益就用谁。基层农技体系在竞争发展过程中，暴露了人员老化、机制不活、技术更新慢的弊端，而社会化服务手段灵活、服务到位，备受农民青睐。科研教育机构拥有的技术创新和资源主体优势，企业的人才和管理优势，都在一定程度上弥补政府公益性推广机构体系的不足。技术推广市场机遇与风险并存，需要调整好政府管理与市场化的关系，保护农产品有效供给同时，保护基层稳定和农民持续增收。

2. 农业技术供给由单纯技术向技物结合转变

物化技术是农技推广的重要手段，是农民易于接受、便于实现技术无偿服务的重要手段。看病治病离不开药肥，抛开具体药肥是无法提高农民种田技术。农技推广服务中，越来越需要将物化技术纳入到推广手段中，否则，农技推广将脱离农民需求、推广难度更大。未来的技术服务商将会变为农资销售及生产综合服务商，技术服务平台一个类似于社区医院一样的区域性农业综合服务平台，为农民提供包括产品、技术在内的综合性服务。

3. 农业技术供给由政府主导向公益性和营利性并存转变

随着多元主体兴起，市场上技术供给主体性质多样使得技术供给服务内容不一样。当前我国农业技术推广主要是通过政府、科研单位和企业 3 个渠道，政府提供纯公益性、科研院所准公益性、其他经营性服务组织的营利性，在不同层面，提供者不同的服务。由于资源相对分散，还满足不了农民群众对农业技术日趋多样化的需求，在国家层面需要进一步整合这3种资源，使农技推广各有侧重，服务效能才能得到最大限度的发挥。

四、完善我国农技推广体系的几点建议

（一）强化政府公益性推广机构能力建设

一是提高认识。在社会化服务组织快速发展的今天，各地公益性机构也必须提高认识，牢固树立“危机”意识，深入研究如何能更好地诠释“一主”的基本内涵；二是加大项目支持力度，尤其省、市、县三级的公益性机构职能、队伍和基础设施建设支持力度需要增强，以确保“一主”公益性职能履行和监督作用发挥；三是加强技术推广相关政策宣传，提高基层推广机构的检验检测设备、实验室、试验基地向外开放程度，提高信息化服务手段，提高技术集成、产业链服务能力。

（二）推动多元技术推广主体协调协同发展

为避免市场经济下，各类主体之间由于定位、职能等不明确造成的无序竞争、资源浪费和过度服务，需要在政府公益性机构发挥主导或引导作用，推动多元主体的协调协同发展。以保障粮食安全目标，在比较效益不高的粮食生产领域，强化公益性机构技术服务和社会化生产性服务；在比较效益高的粮油经作、果树等产业，引导社会化组织开展技术推广和全程生产性服务；组建农技服务共同体，让各成员的协作中开展服务，提升认知和获得尊重。

（三）加强农技推广体系建设的经验总结和推广

及时总结基层农技推广体系建设、推广模式的工作亮点和创新做法，进行宣传，以凸显“一主多元”推广体系下公益性机构主体职能以及体系建设对现代农业发展的支撑作用。组织多种形式的、不同层次的观摩、参观和考察等活动，加强地区之间交流，推动体系建设工作上新台阶。

参考文献

常向阳，韩园园 . 2014. 农业技术扩散动力及渠道运行对农业生产效率的影响研究——以河南省小麦种植区为例［J］. 中国农村观察（04）：63-70+96.

陈俊红，陈玛琳，安然 . 2016. 新形势下北京市种业发展的思考［J］. 湖北农业科学，55（21）：5 677-5 681+5 685.

陈俊红，陈玛琳，秦向阳，等 . 2017. 对提升科研院所惠农服务能力的思考［J］. 北方园艺（07）：205-209.

陈生斗 . 2016. 我国农技推广体系建设工作“十二五”回顾与“十三五”展望［J］. 中国农技推广，32（07）：6-10.

陈香玉，陈俊红，黄杰，等 . 2017. 新形势下北京市农业科技服务模式的探索与思考［J］. 北方园艺（23）：225-232.

陈香玉，龚晶，陈俊红 . 2017. 科研院所视角下农业科技政策改革的若干思考［J］. 科技管理研究，37（16）：130-135.

陈新忠，李芳芳 . 2014. 我国农业技术推广的研究回溯与展望［J］. 华中农业大学学报（社会科学版）（05）：24-33.

高启杰，姚云浩，马力 . 2015. 多元农业技术推广组织合作的动力机制［J］. 华南农业大学学报（社会科学版），14（01）：1-7.

关锐捷，周纳．2016. 政府购买农业公益性服务的实践探索与理性思考［J］. 毛泽东邓小平理论研究（01）：44-51+93.
郭霞，朱建军，刘晓光．2015. 农技推广服务外包农户支付意愿及支付水平影响因素的实证分析——基于山东省种植业农户的调查［J］. 农业现代化研究，36（01）：62-67.
郭艳军．2017. 互联网思维下农业技术扩散体系重构［J］. 农业经济（03）：12-14.
何军，顾皓．2016. 农户社会化服务体系参与程度的影响因素——基于苏北种植业的实证分析［J］. 江苏农业科学，44（01）：452-455.
姜长云．2016. 关于发展农业生产性服务业的思考［J］. 农业经济问题，37（05）：8-15+110.
李全海．2017. 健全农业社会化服务体系的新思考［J］. 农业经济（01）：62-64.
李宪宝．2017. 异质性农业经营主体技术采纳行为差异化研究［J］. 华南农业大学学报（社会科学版），16（03）：87-94.
刘建峰，段洪洋，禹绍国，等．2017. 省市县协同联动农业技术推广模式研究——以广东省农业科学院实施国家重大农业技术推广项目为例［J］. 广东农业科学，44（09）：167-172.
吕珂，徐世艳，杜鹃，等．2016. 农业科研单位开展农技推广工作的新模式及其运行机制的优化［J］. 河北农业科学，20（02）：98-100+108.
罗建利，邱春晓，郑阳阳，张捍鹏．2017. 三种农业技术推广模式的博弈模型分析与比较［J］. 云南农业大学学报（社会科学），11（01）：18-25.
彭凌凤．2017. 农业科技推广模式的创新探索——新农村发展研究院服务农业科技推广的模式比较［J］. 农村经济（02）：104-109.

蒲娟，余国新.2016. 新形势下农业社会化服务效果评价——基于新疆不同种植规模农户的研究［J］. 调研世界（03）：16-21.
苏振锋.2017. 陕西新型农业经营主体发展存在的问题与对策研究［J］. 中国农业资源与区划，38（05）：66-71.
王定祥，李虹.2016. 新型农业社会化服务体系的构建与配套政策研究［J］. 上海经济研究（06）：93-102.
王琳瑛，左停，旷宗仁，等.2016. 新常态下农业技术推广体系悬浮与多轨发展研究［J］. 科技进步与对策，33（09）：47-52.
王文龙.2017. 中国农业经营主体培育政策反思及其调整建议［J］. 经济学家（01）：55-61.
徐家洪，项桂娥，王延寿，等.2012. 加快我国农业科技进步的政策方向和对策建议［J］. 农业现代化研究，33（06）：668-672.
杨万江，李琪.2018. 农户兼业、生产性服务与水稻种植面积决策——基于11省1646户农户的实证研究［J］. 中国农业大学学报（社会科学版），35（01）：100-109.
钟真，谭玥琳，穆娜娜.2014. 新型农业经营主体的社会化服务功能研究——基于京郊农村的调查［J］. 中国软科学（08）：38-48.
周海迪，孟庆军.2017. 农业供给侧改革背景下构建现代农业经济社会化服务体系研究［J］. 经济研究导刊（20）：22-23.
周敏丹，尹志锋.2017. 农业科技推广、资本深化与就业替代——基于国家科技富民强县专项行动计划的实证分析［J］. 经济学家（05）：91-96.

（主笔人：陈俊红）